柑橘提质增效生产丛书

TUSHUO GANJU BINGCHONGHAI
JI NONGYAO JIANSHI ZENGXIAO FANGKONG JISHU

说 柑橘病虫害

及农药减施增效防控技术

全金成　江一红　陈贵峰 ◎ 编著

中国农业出版社
北　京

内容提要

本书以图说的方式，介绍了柑橘黄龙病等36种病害的田间诊断症状、发生规律及防治方法，柑橘木虱等32种害虫的形态特征、发生规律及防治方法，近470幅病虫害原色图片，便于在田间识别和判断，并介绍了柑橘常见病虫害农药减施增效防治技术。该书图文并茂、通俗易懂、可操作性强，可供广大柑橘种植者和技术人员参考。

前言

柑橘是我国重要的栽培水果树种，包括台湾省在内共有19个省（自治区、直辖市）种植，主产区分布在广西、湖南、江西、广东、四川、湖北、重庆、福建、浙江和贵州10个省（自治区、直辖市）。由于南方高温多雨气候的影响，柑橘整个生长期中，病虫害种类繁多，时有病虫害严重发生的情况出现。最为突出的就是柑橘黄龙病，进入21世纪后，柑橘黄龙病在南方柑橘主产区的为害日趋严重，柑橘黄龙病重灾区已由过去的广东、广西和福建，延伸到了现在的江西、湖南、贵州等柑橘产区，已成为制约我国柑橘生产可持续稳定发展的最大障碍。其次是近年来柑橘黑腐病、柑橘树脂病、柑橘黄斑病、柑橘木虱、橘小实蝇、柑橘粉虱等病虫害严重发生，上升为柑橘生产的主要病虫害，如柑橘黑腐病在广西贡柑上为害严重，造成春梢大量枯死，树势衰弱，直至整株死亡；柑橘树脂病普遍发生，果实感染后外果皮布满黑点，严重影响果实品质和商品性；柑橘黄斑病造成温州蜜柑成年树大量落叶，树势衰弱；柑橘木虱在连续暖冬的环境下，种群数量不断扩大，并向北延伸扩展，导致柑橘黄龙病传播扩散加剧。柑橘病虫害给柑橘生产造成了巨大的经济损失，而滥用化学农药防治又极大地增加了农药残留的风险。因此，及时更新和普及柑橘病虫害科学防治技术，将成为实现柑橘生产优质、高产、高效栽培的一项重要技术措施。为此，笔者以图说的方式，介绍了柑橘黄龙病等36种病害的田间诊断症状、发生规律及防治方法和柑橘木虱等32种害虫的形态特征、发生规律及防治方法，近470幅病虫害原色图片，便于在田间识别和判断，并介绍了柑橘常见病虫害农药减施增效防治技术。该书图文并茂、通俗易懂、可操作性强，可供广大柑橘种植者和技术人员参考。

尽管我们付出了很大的努力，但是，书中难免有疏漏之处，敬请各位读者指正。

编著者

2018年8月26日

目 录

一、柑橘常见侵染性病害

（一）细菌性病害

1.柑橘黄龙病

黄龙病主要分布于广东、广西、福建、台湾、江西南部、湖南南部等地，此外，四川西南部、浙江南部及云南、贵州的局部地区也有发生。该病为系统侵染性病害，苗木和幼龄树发病后，一般在1～2年内死亡，成年树则往往在3～5年后失去结果能力或枯死。在病害流行区，由于其传播蔓延速度极快，曾造成数十万亩*的柑橘园在短短几年内全部丧失栽培价值，导致严重的经济损失，是柑橘类果树的一种毁灭性病害。

【田间诊断】田间柑橘树（苗）上只要表现如下一种病状即可判定为黄龙病树（苗）。

（1）斑驳状黄化叶　转绿后的新梢叶片，从叶片基部附近开始褪绿转黄，并逐渐向叶片中上部扩展，成为一块不规则的黄斑，与叶片未转黄的绿色部分形成黄绿相间的斑驳状。有的斑驳叶可表现为主脉一侧全部变黄色而另一侧仍为绿色；有的叶片最后也

* 亩为非法定计量单位，1亩≈667米^2。——编者注

可发展为全叶均匀黄色。黄斑始发于叶片基部，且叶脉亦随黄斑部分变黄为斑驳叶的最基本特征，据此可与其他原因引起的黄化症状相区别。

(2) 红鼻子果　成熟期的果实，果蒂附近着色而果顶附近部分不着色，即呈现一端橘红（橘黄）而另一端仍为绿色，俗称“红鼻子果”。病果明显变小，畸形，品质变劣。

【发生规律】该病由一种韧皮部杆菌属细菌引起，可通过苗木和接穗远距离传播，柑橘木虱为田间近距离传播的媒介昆虫。其初侵染源，在病区主要是田间病树，在新区主要是带病苗木和接穗，带菌的柑橘木虱也可成为初侵染源。田间病树数量的多少是该病是否发生流行的首要条件，而柑橘木虱的有无则是病害是否发生流行的决定性因素。无木虱则病害不发生流行，有木虱则病害发生流行；木虱少则病害传播蔓延速度慢、为害轻。已知几乎所有的柑橘类果树都可感病，其中椪柑、蕉柑、南丰蜜橘、沙糖橘等品种最易感病，也最易衰退，甜橙类次之，温州蜜柑和沙田柚较耐病，金柑耐病。幼龄树和刚进入盛产期的结果树比老龄树易感病也易衰退。

【防治方法】新区和无病区防控措施：①严格执行植物检疫制度，严禁引入病区苗木和接穗。②培育和种植无病苗木。③严密监测柑橘木虱的发生动态，严防其传入新区，一旦发现立即喷药扑杀。

病区防控措施：①培育无病苗木，应使用防虫网棚育苗。②新建果园除采用无病苗木建园外，还应尽量与老果园隔离，尽量不要在病果园旁边建新果园。③严格防治传媒昆虫柑橘木虱（具体防治方法见本书“柑橘木虱”部分）。④及时、彻底挖除烧毁病树。

柑橘黄龙病：W.默科特斑驳叶

柑橘黄龙病：W.默科特红鼻子果

柑橘黄龙病：贡柑斑驳叶

柑橘黄龙病：贡柑红鼻子果

柑橘黄龙病：金柑斑驳叶（邓光宙）

柑橘黄龙病：金柑红鼻子果（邓光宙）

柑橘黄龙病：马水橘斑驳叶

柑橘黄龙病：马水橘红鼻子果

柑橘黄龙病：茂谷柑斑驳叶

柑橘黄龙病：马水橘全园发病状

柑橘黄龙病：茂谷柑红鼻子果

柑橘黄龙病：南丰蜜橘斑驳叶

柑橘黄龙病：南丰蜜橘红鼻子果

柑橘黄龙病：椪柑红鼻子果

柑橘黄龙病：椪柑红鼻子果

柑橘黄龙病：椪柑重病果园

柑橘黄龙病：脐橙斑驳叶

柑橘黄龙病：脐橙病树

柑橘黄龙病：脐橙红鼻子果

柑橘黄龙病：沙糖橘斑驳叶

柑橘黄龙病：沙糖橘红鼻子果

柑橘黄龙病：沙糖橘黄梢

柑橘黄龙病：沙糖橘重病幼树果园

柑橘黄龙病：沙田柚斑驳叶

柑橘黄龙病：沙田柚红鼻子果

柑橘黄龙病：沃柑斑驳叶

柑橘黄龙病：沃柑红鼻子果（莫健生）

柑橘黄龙病：早熟温州蜜柑斑驳叶

柑橘黄龙病：早熟温州蜜柑红鼻子果

2.柑橘溃疡病

该病是柑橘类果树的一种检疫性病害，可侵染柑橘属、枳属和金柑属的几乎所有的柑橘种类和品种，尤以甜橙类、柚类、莱檬类和枳病重，柑类和橘类品种一般病较轻，金柑抗病。该病主要为害柑橘的枝、叶、果，常引起大量落叶、落果，可造成严重的经济损失。

【田间诊断】叶片上形成近圆形的灰褐色病斑，在叶的正反面隆起、木栓化，表面粗糙，病斑中央呈火山口状开裂，病斑周围有明显的黄色晕环。如无潜叶蛾等害虫为害时，受害叶一般不变形。枝上和果实上病斑与叶片上的相似，但火山口状开裂更为明显，病斑周围一般无黄色晕环。

【发生规律】该病由一种地毯黄单胞杆菌柑橘致病变种细菌引起。上年旧病斑（特别是秋梢上的病斑）上的越冬病菌是该病的初侵染源。翌年春，病部溢出菌浓，借风雨、昆虫、人畜和枝叶接触而传播。病原菌在柑橘幼嫩枝梢、叶片和果实上，只要这些器官保持有20分钟的水膜，就可经伤口及气孔和水孔侵入。潜育期一般为3 ～ 10天。高温高湿多雨是该病发生和流行的必要条件。该病病原菌的侵入期主要在新梢自剪前一周左右，新梢长3 ～ 13厘米时是侵入盛期，顶芽自剪至叶片转绿前是侵入末期。而抽出的嫩梢、嫩叶和刚形成的幼果以及老熟的组织都不感病或不易感病。一年中的发病盛期，叶溃疡为6 ～ 8月，果溃疡为6 ～ 7月。夏、秋梢发病率占全年总发病率的98%以上，是全年防治的重点。柑橘的不同种类和品种的感病性差异很大，一般是枳、枳橙、甜橙、柚类及沃柑等最感病，柑类、茂谷柑等次之，橘类较抗病，金柑最抗病。此外，苗木和幼树比成年树病重，树龄越大，发病越轻。偏施氮肥或潜叶蛾等新梢害虫严重，亦可加剧发病。

【防治方法】①实行植物检疫，禁止病区苗木、接穗和果实流入非病区。②培育和种植无病苗木。③合理施肥，特别是不要偏施氮肥；同时，通过抹芽控梢，促进夏、秋梢的整齐抽发和统一老熟，缩短病原菌的侵入期，从而减轻发病。④在冬季或早春柑橘树抽梢前，彻底剪除病枝叶，清除园地落叶、残果和枯枝，集中烧毁；对重病枝应进行短截，对重病树应进行重剪，更新树冠。修剪后喷洒45%代森铵水剂500 ～ 600倍液清园。对幼树主干病斑，可用利刀刮除后涂抹1 ∶ 1 ∶（15 ～ 20）的波尔多浆液。在春、夏、秋各次梢老熟后，选晴天或阴天露水干后，剪除病枝叶和病果，集中烧毁，减少传染源。⑤喷药保护新梢和幼果。在春梢长3厘米、夏梢和秋梢长1.5 ～ 3厘米时，各喷药1次，隔10 ～ 15天后再喷1次。成年树以保果为主，在谢花后10天、30天和50天各喷药1次，病害严重时可在10 ～ 15天后加喷一次。药剂可选用97%矿物油增效助剂（百农乐）300倍液混用53.8%氢氧化铜（志信2000）干悬浮剂900 ～ 1 100倍液，或80%波尔多（必备）可湿性粉剂400 ～ 600倍液、12%松脂酸铜（铜道）悬浮剂600 ～ 800倍液、20%春雷霉素（戎雷）干悬浮剂5 000 ～ 6 000倍液、10%丙硫唑（细骏迪）悬浮剂600 ～ 800倍液等。

柑橘溃疡病：南丰蜜橘病果

柑橘溃疡病：南丰蜜橘病叶

柑橘溃疡病：W.默科特病果

柑橘溃疡病：W.默科特病叶

柑橘溃疡病：贡柑病果

柑橘溃疡病：贡柑病叶

柑橘溃疡病：桂橙1号病果

柑橘溃疡病：桂橙1号病叶

柑橘溃疡病：红江橙病果

柑橘溃疡病：红江橙病叶

柑橘溃疡病：马水橘病果

柑橘溃疡病：马水橘病叶

柑橘溃疡病：茂谷柑病果

柑橘溃疡病：茂谷柑病叶

柑橘溃疡病：椪柑病叶背面

柑橘溃疡病：椪柑病叶正面

柑橘溃疡病：脐橙病果

柑橘溃疡病：沙糖橘病果

柑橘溃疡病：沙糖橘病苗

柑橘溃疡病：沙糖橘病叶

柑橘溃疡病：沙田柚病果

柑橘溃疡病：沃柑病果

柑橘溃疡病：沃柑春梢发病状

柑橘溃疡病：沃柑秋梢发病状

柑橘溃疡病：沃柑夏梢发病状

（二）真菌性病害

1. 柑橘疮痂病

柑橘疮痂病在我国各柑橘产区均有分布，尤以中亚热带和北亚热带柑橘产区严重。该病主要为害柑橘的新梢、嫩叶和幼果，致使枝梢和叶片生长受阻，果实脱落或发育不良、品质变劣。

【田间诊断】叶片病斑多发生在叶背面，呈蜡黄色至黄褐色，木栓化，直径0.3～2.0毫米，病斑周围组织圆锥状突起，叶正面凹陷，病斑不穿透两面。受害叶多扭曲畸形。嫩梢上病斑与叶片上相似，但病斑周围组织突起不明显。果实受害，果皮上会长出许多散生或群生的瘤状突起，果小，畸形，易落。

【发生规律】该病由痂囊孢菌属的一种真菌引起，其菌丝体在病枝、叶上越冬，翌年春季产生分生孢子，借助风雨或昆虫传播，侵入春梢嫩叶、嫩枝、花和幼果。该病只侵染幼嫩组织，刚抽出的嫩芽、尚未展开的嫩叶以及谢花后不久的幼果最易感病。高湿多雨适于发病，而15～24℃的温度最有利于发病，超过25℃较少发病，气温达28℃以上时，病害基本停止扩展。橘类、柑类、沙田柚、酸柚和莱檬类较感病，甜橙类较抗病。苗木和幼树发病较重，壮年树次之，15年生以上的老树很少发病。

【防治方法】①剪枝清园。结合冬春季修剪，剪除树上病枝、叶，清除地上枯枝落叶和残果集中烧毁，减少菌源。②喷药保护。苗木和幼树，在每次梢期喷药2次，在芽长0.5厘米时喷1次，10～15天后喷第二次；结果树在春芽长0.5厘米时和谢花2/3时各喷1次，夏、秋梢期用药期同幼树，如不留夏梢，则夏梢期无需喷药。用药需保护剂+治疗剂同时使用。有效药剂组合有：80%代森锰锌（新万生、志信万生）可湿性粉剂600～800倍液+25%苯醚甲环唑（博洁、绿码）乳油3 000～4 000倍液、70%丙森锌（鼎品）可湿性粉剂700～800倍液+25%戊唑醇（剑力通）悬浮剂

1 500 ～ 2 000倍液等，或直接使用混剂如32.5%苯甲嘧菌酯（又胜、喜绿）悬浮剂1 500 ～ 2 000倍液、75%吡唑丙森锌（好克舒）1 000 ～ 1 500倍液等。

柑橘疮痂病：脆皮金柑病叶

柑橘疮痂病：脆皮金柑病果

柑橘疮痂病：南丰蜜橘病果

柑橘疮痂病：沙糖橘病果

柑橘疮痂病：温州蜜柑病果后期

柑橘疮痂病：温州蜜柑病果前期

柑橘疮痂病：温州蜜柑病叶

2.柑橘炭疽病

柑橘炭疽病发生极为普遍，在我国各地柑橘产区都有发生。该病常造成柑橘树大量落叶、梢枯和落果，导致树势衰弱，产量和品质下降。在贮运期间，可引起果实大量腐烂。

【田间诊断】该病主要为害叶片、枝梢和果实，也可为害大枝、主干和花器。

(1) 叶片症状　一般分为慢性型和急性型两种。

慢性型：多发于成长叶或老熟叶的叶缘和叶尖，病斑近圆形或不规则形，黄褐色，边缘褐色，病健部界限分明。天气干旱时，病部中央呈灰白色干枯，上生许多小黑点（病原菌的分生孢子盘）；天气潮湿时，病斑上可溢出朱红色的黏液点（病菌的分生孢子团）。

急性型：病斑初为淡青色或青褐色开水烫伤状，后扩大为水渍状、边缘界限不清晰的波纹状大斑块。天气潮湿时，病斑也可长出朱红色的黏液点。

(2) 枝梢症状　枝梢发病多从叶柄基部腋芽处开始。病斑初为淡褐色，椭圆形，后扩大为长梭形。当病斑环绕枝条一周时，病梢即枯死。

（3）果柄（梗）症状　果柄受害后，初时褪绿呈淡黄色，其后变褐干枯，呈枯蒂状，果实随后脱落。

（4）果实症状　幼果受害初为暗绿色油渍状不规则病斑，后扩大至全果。病斑凹陷，变黑色，成僵果挂在树上。成熟果受害，病斑近圆形，褐色、革质、凹陷，其上散生许多黑色小粒点。病斑可扩及全果，在潮湿条件下病斑扩张很快，引起果实腐烂。

【发生规律】该病由一种胶孢炭疽菌的真菌引起。该病菌是一种弱寄生菌，属潜伏侵染性病害。病菌在病枝、病叶和病果上越冬，翌年春天，病菌的分生孢子借助风雨、昆虫及枝叶接触传播至寄主组织表面，从伤口或气孔侵入，导致发病。夏秋季高温多雨或冬季冻害较重，或早春气温低和阴雨多的年份和地区易发病。

该病的发生流行和为害轻重，与树龄、树势、土壤条件及栽培管理等关系密切。如老树、弱树比幼树、壮树病重；土壤板结、土层瘠薄、有机质含量低、缺乏钾肥施用、排水不良的果园病重，反之则病轻。例如水田栽种的柑橘树，由于耕作层浅、地下水位高，极易发生炭疽病。

通风透光不良以及红蜘蛛、天牛、介壳虫、根结线虫病等病虫为害严重的果园，炭疽病加重发生。

【防治方法】①加强栽培管理。果园实施扩穴，深翻，增施有机肥和磷、钾肥，及时排除积水，注意修剪，保持果园良好的通风透光，增强树势，提高树体抗病力。冬季结合修剪，剪除病枝叶和病果，集中烧毁，并喷布一次0.8波美度石硫合剂或45%石硫合剂晶体100～150倍液。②适时喷药保护。在华南产区4～5月间，如发现有的春梢基枝叶片开始变黄，甚至有些春梢和花、果变黄褐色凋萎且较普遍时，应立即喷药防治。7～8月，如带叶结果枝上的叶片变黄，果柄上有病斑，或有些秋梢的基枝叶片变黄，枝条上有病斑，应立即喷药防治。有效配方有：70%丙森锌（鼎品）可湿性粉剂600 ~ 700倍液+45%咪鲜胺（果然鲜、剑安）水乳剂1 500 ~ 2 000倍液、80%代森锰锌（新万生、志信万生）可湿性粉剂600 ~ 800倍液+20%抑霉唑（美妞）水乳剂1 000 ~ 1 500倍液等，或直接使用混剂如45%戊唑咪鲜胺（己足）水乳剂1 500 ~ 2 000倍液、25%氟硅咪鲜胺（绿保）水乳剂1 500 ~ 2 000倍液、65%戊唑丙森锌（剑康）可湿性粉剂1 000 ~ 1 500倍液等。

柑橘炭疽病：落叶性炭疽病

柑橘炭疽病：沙糖橘春梢炭疽病

柑橘炭疽病：沙糖橘果柄炭疽病

柑橘炭疽病：沙糖橘急性炭疽病

柑橘炭疽病：天草叶片炭疽病

柑橘炭疽病：天草枝梢炭疽病

柑橘炭疽病：温州蜜柑果柄炭疽病

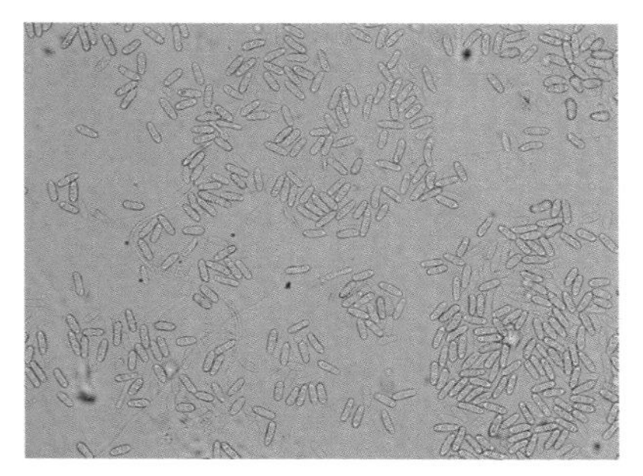

柑橘炭疽病菌分生孢子（谭有龙）

3. 柑橘树脂病

柑橘树脂病主要为害柑橘树的枝干、叶片和果实，常引起柑橘枝干流胶、枝枯、大量落叶和落果，导致树势衰弱，产量、品质下降，甚至整株死亡。

【田间诊断】

（1）流胶和干枯　枝干受害，表现两种类型症状：一是流胶型，多发生在主干分杈处及其下部的主干上，病部皮层变灰褐色坏死，渗出褐色黏液，有恶臭。二是干枯型，病部皮层红褐色，干枯略下陷，病健交界处有一明显隆起的界线。

（2）黑点（沙皮） 叶片和幼果受害，表面发生许多散生或密集成片的黑褐色硬质小疱点，明显凸起，表面粗糙，称为黑点病或沙皮病。

（3）枯枝 生长衰弱的果枝或上年冬季受冻害枝，受病原菌侵染后，病部呈现褐色病斑，病健交界处常有小滴树脂渗出，严重时可使整个枝条枯死，枯死枝条表面散生许多黑色小粒点。

（4）褐色蒂腐 成熟果（多在贮运期）受害，果蒂周围出现水渍状、淡褐色病斑，逐渐成为深褐色，病部渐向脐部扩展，边缘呈波纹状，最后可使全果腐烂。由于果肉比果皮腐烂快，当1/3 ～ 2/3果皮变色时，果心已全部腐烂，故称“穿心烂”。

【发病规律】该病的病原为一种真菌。在枯枝上越冬的分生孢子器为翌年初侵染源。借风、雨、露水和昆虫传播，从伤口侵入而引起发病。该病周年都有发生，尤以6 ～ 10月发生较多，柑橘树受冻害、涝害、日灼、机械损伤、虫伤等造成伤口是该病发生流行的重要条件。树势衰弱也容易引发此病。

【防治方法】①冬季防冻害。在有霜雪地区，冬季气温下降前，对树干用塑料袋进行包裹防冻害。霜冻前1 ～ 2周，橘园全面灌水一次或地面铺草，可起防寒作用。霜冻期间，橘园堆草熏烟也有防冻作用。②清除病源。早春前，结合修剪剪除病枝梢，锯除枯死枝条，集中烧毁，减少橘园菌源。③暑天刷白防日灼。在盛暑前用生石灰5千克、食盐250克和水20 ～ 25千克配成的涂白剂刷白树干。④刮治。枝干发病时，用利刀将病部的坏死腐烂组织彻底刮掉，并刮去边缘0.5 ～ 1.0厘米宽的健康组织，深达木质部。刮后及时涂药，以杀死木质部的残余病菌。全年涂药两期，5月和9月各一期，每期涂药3 ～ 4次，每周一次。涂抹剂可用70%甲基硫菌灵可湿性粉剂1份+植物油3 ～ 5份+1%硫酸铜液等。⑤药剂喷雾保护嫩梢、幼果。在春梢萌发前，谢花2/3时及幼果期，分别喷药一次，可防治叶、果上的黑点病。用药需保护剂+治疗剂同时使用，有效药剂组合有：80%代森锰锌（新万生、志信万生）可湿性粉剂600 ~ 800倍液+25%苯醚甲环唑（博洁、绿码）乳油3 000 ~ 4 000倍液、70%丙森锌（鼎品）可湿性粉剂600 ~ 700倍液+25%戊唑醇（剑力通）悬浮剂1 500 ~ 2 000倍液等；或直接使用混剂防治，如75%吡唑丙森锌（好克舒）可湿性粉剂1 000 ~ 1 500倍液、32.5%苯甲醚菌酯（又胜、喜绿）悬浮剂1 500 ~ 2 000倍液、30%吡唑戊唑醇（戎益丰）2 000 ~ 2 500倍液、65%戊唑丙森锌（剑康）1 000 ~ 1 500倍液等。⑥蒂腐病防治。参考青霉病和绿霉病的防治。

柑橘树脂病：冰糖橙果实发病状

柑橘树脂病：桂橙1号果实发病状

柑橘树脂病：金柑树干发病状

柑橘树脂病：金柑果实发病状

柑橘树脂病：金柑叶片发病状

柑橘树脂病：茂谷柑果实发病状

柑橘树脂病：南丰蜜橘果实发病状

柑橘树脂病：脐橙果实发病状

柑橘树脂病：脐橙果实和叶片发病状

柑橘树脂病：脐橙树干发病状

柑橘树脂病：沙田柚树干流胶

柑橘树脂病：温州蜜柑病果

柑橘树脂病：脐橙整株死亡

4. 柑橘黄斑病

柑橘黄斑病（脂点黄斑病和拟脂点黄斑病）是柑橘重要病害之一，有逐年加重趋势，主要为害柑橘叶片，春、夏、秋梢均可发生，常引起柑橘大量落叶，导致树势衰弱，产量、品质下降。

【田间诊断】脂点黄斑病在田间表现有3种类型症状。

（1）脂点黄斑型 主要发生在春梢，叶背先出现针头大小的褪色小点，对光透视呈半透明状，后扩展呈黄色斑块，叶背病斑上出现疱疹状淡黄色突起小粒点，随病斑扩展和老化，小粒点颜色加深，变成黄褐色至黑褐色的脂斑。与脂斑对应的叶片正面上，形成不规则的黄色斑块，边缘不明显。

（2）褐色小圆星型 主要发生在秋梢，初期叶片表面出现赤褐色芝麻粒大小的近圆形斑点，后扩展成直径1～3毫米圆形或椭圆形病斑，灰褐色，边缘颜色深且隆起，后期呈灰白色，其上布满黑色小粒点。

（3）混合型 主要发生在夏梢，即在同一张病叶上，同时发生脂点黄斑型和褐色小圆星型病斑。

拟脂点黄斑病：拟脂点黄斑病与脂点黄斑病相似，颜色黑褐色，微凸。

【发病规律】该病是由高等真菌引起的病害。病原多以菌丝体在树上病叶或落地的病叶中越冬，也可在树枝上越冬；当春天气温回升到20℃以上，病叶经雨水湿润，产生大量子囊孢子，引起初侵染。该病周年都有发生，尤以5～10月发生较多；树龄大发病重，幼龄和成龄树发病轻；春梢发病比夏梢、秋梢严重；柑橘树受冻害、日灼、机械损伤、虫伤等造成伤口是该病发生流行的重要条件；历年发病重、冬季清园不到位、老病叶多的果园，当年发病就会重；果园失管、树冠郁蔽、树势弱也容易引发此病。

【防治方法】①加强冬剪和夏剪，保持果园通风透光，降低果园湿度。②合理施肥，科学根外追肥，及时补充树体营养以增强树势。③做好冬季清园，及时清除果园内的枯枝、落叶，冬剪后可用45%石硫合剂晶体50 ～ 100倍液喷雾。④在新梢转绿期和发病初期，要及时喷药保护。保护剂可选用：80%代森锰锌（新万生、志信万生）可湿性粉剂600 ～ 800倍液、70%丙森锌（鼎品）可湿性粉剂700 ～ 800倍液等；治疗剂可选用：25%苯醚甲环唑（博洁、绿码）乳油3 000 ～ 4 000倍液、43%戊唑醇（剑力多）悬浮剂3 000 ～ 4 000倍液，或直接使用混剂防治，如32.5%苯甲醚菌酯（又胜、喜绿）悬浮剂1 500 ～ 2 000倍液、65%戊唑丙森锌（剑康）可湿性粉剂1 000 ～ 1 500倍液、75%吡唑丙森锌（好克舒）可湿性粉剂1 000 ～ 1 500倍液、30%吡唑戊唑醇（戎益丰）2 000 ～ 2 500倍液等，每10 ～ 15天1次，连用2 ～ 3次，可兼治柑橘树脂病、炭疽病等病害。

柑橘脂点黄斑病：混合型正面

柑橘脂点黄斑病：混合型背面

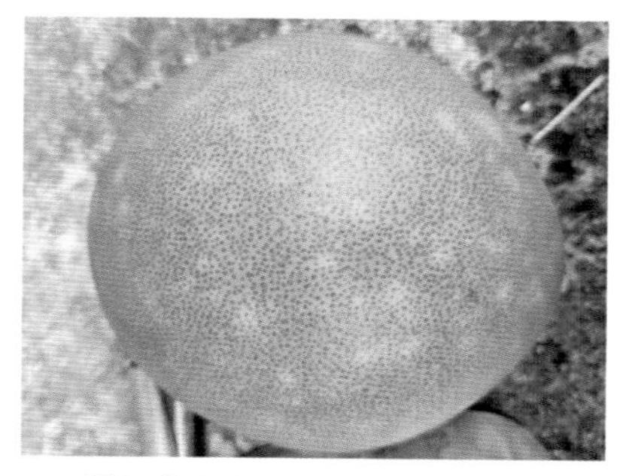

柑橘脂点黄斑病：沙田柚病果

柑橘脂点黄斑病：沙田柚病叶

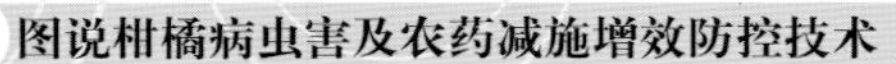

柑橘脂点黄斑病：脐橙病果

柑橘脂点黄斑病：温州蜜柑病叶

柑橘脂点黄斑病：叶片褐色小圆星型症状

柑橘脂点黄斑病：叶片黄斑型背面症状

柑橘脂点黄斑病：叶片黄斑型正面症状

5. 柑橘灰霉病

柑橘灰霉病是柑橘重要病害之一，近年来有逐年加重趋势，幼果平均受害率达10%～15%，高的达40%～50%，商品率下降，严重影响柑橘经济效益。

【田间诊断】主要为害柑橘花瓣，也可为害嫩叶、幼果及枝条，引起花腐、枝枯、花斑果，造成落花落果、降低坐果率，并能导致果实在贮藏期腐烂；开花期间如遇阴雨天气，受感染的花瓣先出现水渍状小圆点，随后迅速扩大为黄褐色的病斑，引起花瓣腐烂，并长出灰黄色霉层，如遇干燥天气，则变为淡褐色干枯状。当发病的花瓣与嫩叶、幼果或有伤口的小枝接触时，则可使其发病。嫩叶上的病斑在潮湿天气时，呈水渍状软腐，干燥时病斑呈淡黄褐色，半透明。受害果病斑形状不规则、易脱落。不脱落的幼果，由于表皮后期木栓化，会引发柑橘大量的“花斑果”。小枝受害后常枯萎。

【发生规律】病原菌为灰葡萄孢霉，属半知菌亚门丝孢纲真菌，其病部灰色霉层为病原菌的分生孢子梗和分生孢子；以菌核和分生孢子在病残体和土壤中越冬，第二年春季温度回升、湿度大后即可萌发新的分生孢子，借风雨及气流传播，被感染的花发病后又可产生大量的分生孢子而再次侵染；开花期、幼果期降雨越多则发病越重，特别是开花期下雨，花瓣不易脱落，会导致灰霉病严重为害，产生大量的“花斑果”。

【防治方法】①做好冬季清园。及时清除果园内的枯枝、落叶，冬剪后可用45%石硫合剂晶体50～100倍液喷雾。②及时摇花。柑橘开花后要及时摇花，尤其在花期遇雨期间，促使花瓣尽早脱落，防止灰霉病感染花瓣。③喷药防治。防治适期为萌芽期、开花前、谢花后、幼果期，有效配方有：80%代森锰锌（新万生、志信万生）可湿性粉剂600～800倍液+25%异菌脲（扑海因、扑灰特）悬浮剂500～600倍液、70%丙森锌（鼎品）可湿性粉剂600～700倍液+40%嘧霉胺（灰太郎）可湿性粉剂600～700倍液、80%丙森锌（锌保利）可湿性粉剂800 ～ 1 000倍液+40%嘧霉胺（灰雄）可湿性粉剂600 ～ 700倍液喷雾，每个防治适期喷1 ～ 2次。

柑橘灰霉病：受害果

柑橘灰霉病：田间为害状

柑橘灰霉病：沙糖橘受害果

6.贡柑黑腐病

贡柑又名皇帝柑，早在北宋年间（960—1127年）就被朝廷列为供皇帝御用的贡品而得名，由于具有特殊的香味，加上外形美、品质优，成熟期在春节前后，所以备受消费者青睐，目前成为广东、广西主栽品种之一。贡柑黑腐病是近年来贡柑、茂谷柑等杂交柑发生的重要病害，亦称为柑橘褐斑病。

【田间诊断】感病叶面初期表现为褪绿黄色小点，后表现为圆形或近圆形黑褐色病斑，病菌可沿叶脉快速扩展，造成嫩梢快速枯死，大部分嫩叶感病后脱落，严重时整个果园落叶、落果，嫩梢枯死，只剩光杆或老叶，潮湿时病斑上有墨绿色霉层。该病与急性炭疽病不同的是：没有急性炭疽病像开水烫过的青枯症状，而是表现为黑腐枯死；初发病不仅仅是从叶尖和叶缘开始，也有从嫩叶的中间开始发病；该病可沿叶脉快速扩展，造成叶片黑腐、脱落是其最大特点。

【发病规律】据广西特色作物研究院（原广西柑橘研究所）研究，该病是由半知菌亚门丝孢纲链格孢属的柑橘链格孢菌（*Alternaria citri*）引起的病害；在人工接种条件下，病菌可从没有伤口的叶面侵入，但更易从伤口入侵；贡柑和默科特橘最感病，其次是椪柑和南丰蜜橘，在有伤口和连续降雨的条件下马水橘、沙糖橘和温州蜜柑的嫩芽也偶被感染，橙类、柚类、柠檬和金柑抗病；在田间，贡柑、默科特橘最感病，其次是南丰蜜橘、椪柑。马水橘、沙糖橘、温州蜜柑少见发病。刚抽发的嫩梢和幼果易感病，老叶、成熟果实感病少，幼树和初结果树以及嫩梢多的树发病重。降雨、高温、高湿有利于该病的发生和流行。夏梢发病重，其次是春梢和幼果，秋梢发病轻。

【防控方法】①农业防治。果园冬季实施扩穴、深翻等措施，增施有机肥和磷、钾肥，及时排除积水；冬季修剪，保持果园良好的通风透光，增强树势，提高树体抗病力，剪除的病枝叶和病果要集中烧毁，并喷布1次45%石硫合剂晶体100 ~ 150倍液；生长期要经常巡视果园，发现病叶或病梢要及时剪除并带出园外烧毁。②化学防治。春梢萌芽后即开始喷药防治1 ～ 2次，谢花后、幼果期再各喷药1次，可有效防止春梢黑腐病的发生，6 ～ 7月夏梢期视天气情况再喷药1 ～ 2次。保护剂可选用：80%代森锰锌（新万生、志信万生）可湿性粉剂600 ～ 800倍液、70%丙森锌（鼎品）可湿性粉剂700 ～ 800倍液等；治疗剂可选用：25%苯醚甲环唑（博洁、绿码）乳油3 000 ～ 4 000倍液、40%氟硅唑（志信富星）乳油4 000 ～ 5 000倍液、43%戊唑醇（剑力多）悬浮剂3 000 ～ 4 000倍液等，保护剂加治疗剂使用效果更好或直接使用混剂防治，如30%噁酮氟硅唑（克胜果）乳油2 500 ～ 3 000倍液、32.5%苯甲醚菌酯（又胜、喜绿）悬浮剂1 500 ～ 2 000倍液、65%戊唑丙森锌（剑康）可湿性粉剂1 000 ～ 1 500倍液、30%吡唑戊唑醇（戎益丰）2 000 ～ 2 500倍液等。

柑橘黑腐病：病菌沿叶脉扩散

柑橘黑腐病：贡柑病叶侧面感染

柑橘黑腐病：贡柑病叶基部感染

柑橘黑腐病：贡柑病叶中部感染

柑橘黑腐病：贡柑春梢扭曲

柑橘黑腐病：贡柑春梢为害状

柑橘黑腐病：贡柑春梢幼果受害

柑橘黑腐病：贡柑春梢幼果受害

柑橘黑腐病：贡柑大量落叶

柑橘黑腐病：贡柑果实受害落果状

柑橘黑腐病：贡柑膨大期果实受害状

柑橘黑腐病：贡柑受害叶片

柑橘黑腐病：茂谷柑病叶

柑橘黑腐病：茂谷柑病叶梢

柑橘黑腐病：沙糖橘春梢为害状

柑橘黑腐病：沙糖橘春梢死亡

7.柑橘褐腐病

柑橘褐腐病主要为害接近成熟和已成熟果实，也可为害叶片，造成落果和落叶，贮运期发病引起烂果。

【田间诊断】果皮上初生浅褐色水渍状圆形病斑，后迅速扩展而致全果变色腐烂，在潮湿条件下，病部长出白色菌丝。病果可发出恶臭味。叶片受害亦生浅褐色水渍状圆形病斑和白色稀疏菌丝。

【发病规律】该病由疫霉菌引起。病菌在果园土壤及病残体中腐生，潮湿地面上形成游动孢子，被雨水飞溅至近地面的果实上形成侵染；在果面的任何部位都可侵入，受侵染果10天内就可发病，也可潜伏1～2个月后才发病；越成熟的果实越易感病；高温高湿条件，尤其雨后暴晴的天气条件有利于发病；品种间的感病性稍有差异，椪柑、甜橙（尤以脐橙病重）和沙田柚较易感病，温州蜜柑较少发病。

【防治方法】①及时清园。采果后要及时修剪，并将病虫枯枝烧毁，改善果园通透性，同时喷施1次45%石硫合剂晶体50 ~ 100倍液。②加强肥水管理。避免偏施氮肥、增施磷钾肥，开春时每亩再增施石灰100 ~ 150千克，同时加强水分管理，杜绝过涝过旱。③及时撑枝。丰产园要避免果实下垂接近地面，可用竹竿或木棒在发病前撑高1米以上，能有效减少发病。④化学防治。可在每年9月或发病初期用下列配方防治，7 ~ 10天1次，连用2 ~ 3次，配方一：80%代森锰锌可湿性粉剂600 ~ 800倍液+35%甲霜灵可湿性粉剂600 ~ 800倍液+45%咪鲜胺水乳剂1 000 ~ 1 500倍液；配方二：70%丙森锌可湿性粉剂600 ~ 700倍液+40%烯酰吗啉可湿性粉剂500 ~ 600倍液+20%抑霉唑水乳剂1 000 ~ 1 200倍液。

柑橘褐腐病：沙糖橘病果

柑橘褐腐病：沙糖橘落果状

柑橘褐腐病：沙田柚病果

柑橘褐腐病：沙田柚落果

柑橘褐腐病：夏橙病果

柑橘褐腐病：夏橙病果白色菌丝

柑橘褐腐病：夏橙落果状

柑橘褐腐病：早熟温州蜜柑病果

8. 柑橘脚腐病

脚腐病主要为害柑橘主干基部，引起皮层腐烂，致使树冠叶片黄化，树势衰退，直至死树。

【田间诊断】病斑多始发于根颈基部，不定形，病部皮层变褐色腐烂，有酒糟味，常流出褐色胶液；严重时可向上蔓延至主干离地30厘米处，向下蔓延至根群。

【发生规律】该病由多种疫霉菌引起，其病原菌以菌丝和厚垣孢子在病株和土壤中的病残体上越冬。翌年4～5月后，旧病斑中的菌丝继续为害健康组织，同时形成孢子囊，释放出游动孢子，随水流或土壤传播，从植株根颈部侵入而引起发病。一年中4～9月都有发病。不同砧木抗病性差异很大，如枳和枸头橙抗病，莱檬类品种则较易感病，酸橘和红橘则界于上述两类之间。

【防治方法】①选用抗病砧木。②定植时嫁接口要露出地面，并注意改良土壤，防止积水，耕作时防止刮伤树干，及时防治天牛和吉丁虫等树干害虫。③病树治疗。轻病树，在春秋两季用刀将病烂皮刮除，并深刻纵道数条，涂抹上40%烯酰吗啉（剑盾）可湿性粉剂或35%甲霜灵（植欢灵）可湿性粉剂50 ～ 100倍液等。涂第一次药后，隔2个月再涂1次；重病树，可用抗病砧木靠接换砧，借以取代原有病根，并增施腐熟有机肥，以促进树势的恢复。

柑橘脚腐病：初期症状（彭成绩）

柑橘脚腐病：沙田柚发病株

柑橘脚腐病：沙田柚叶片黄化

柑橘脚腐病：甜橙叶片黄化

9. 柑橘煤烟病

该病主要是长出乌黑的霉层遮盖柑橘的叶片、枝条和果实，阻碍其光合作用，造成树势衰退。受害严重时开花少、果实小，品质差，小煤炱属煤烟病会造成大量的“花斑果”。在广西各地均有发生。

【田间诊断】该病主要发生在叶片上，严重时枝条、果实上也有发生。发生初期这些器官表面上着生一层暗褐色小霉斑，以后逐渐扩大，最后形成绒毛状的黑色霉层，呈煤烟状。煤炱属的霉层呈黑色箔纸状、易剥离，后期霉层上散生许多黑色小粒点或刚毛状突起；小煤炱属的霉层呈放射状小霉斑，其菌丝产生吸胞，不易剥离。

【发病规律】该病由多种真菌引起，其菌丝体均为暗褐色。除小煤炱属为纯寄生外，其他均为表面附生菌，以粉虱类、介壳虫类、蚜虫类等害虫的分泌物为营养，并随这些害虫的活动消长、传播和流行；果园荫蔽、潮湿有助于该病发生；南方柑橘区以5～6月和9～10月发生严重。

【防治方法】①加强果园管理，合理修剪，以利通风透光、降低湿度，增强树势。②加强果园粉虱类、介壳虫类、蚜虫类等害虫防治，具体方法参考害虫防治部分。③发病严重的果园，可在冬季清园时用97%矿物油（希翠）150～200倍液喷雾1～2次，生长季可用97%矿物油助剂（百农乐）250～300倍液加80%代森锰锌（新万生、志信万生）可湿性粉剂600～700倍液喷雾1～2次。

柑橘煤烟病：病叶

柑橘煤烟病：沙糖橘病果（小煤炱属）

柑橘煤烟病：沙糖橘果实为害状（小煤炱属）

柑橘煤烟病：田间发病状

10. 柑橘赤衣病

该病是山区橘园常发生的一种病害，在我国南方大部分柑橘产区均有发生。除为害柑橘外，还可为害枇杷、梨、无花果、桑树、茶叶等植物。病菌主要为害植株枝干，也可为害叶片和果实，影响树势；严重时可造成落叶、落果和枝条干枯，甚至整株枯死。

【田间诊断】枝干上初生白色或淡红色菌丝，后长成条状光滑薄膜，紧紧粘附在枝干的背阴面，雨后颜色鲜明，无白色粉状物；菌丝老熟后呈赤褐色，可成条撕脱；有时菌丝可从枝干蔓延到枝梢、叶片和果实；菌丝可覆盖叶背一半或全部，初为白色，后暂变成赤褐色，并致叶片叶柄与叶片基部处坏死，可致叶片断折凋萎；当菌丝体蔓延至枝梢时，则可加重生理落果；如第二次生理落果后感染该病，菌丝则可包裹果实，使果实停止生长而成为僵果。

【发生规律】该病由担子菌亚门的鲑色伏革菌（*Corticium salmonicolor* Berkeley et Broome）引起。以菌丝或白色菌丛在病部越冬，翌年随寄主萌动菌丝开始扩展，产生红色菌丝，孢子成熟后借风雨传播，经伤口侵入而引起发病；4 ～ 11月均可发生，但在高温多雨季节发展快；管理不善、郁闭、阴湿、土质黏重、树龄大的橘园容易发生。

【防治方法】①修剪和清园。合理修剪，使橘园通风透光，并注意剪除病枝，刮除主干和大枝上的菌衣，集中烧毁，特别在冬季或早春应彻底清园，清园可用97%矿物油（希翠）150 ～ 200倍液喷雾1 ～ 2次。②加强肥水管理。雨季搞好清沟排水，降低地下水位；合理施用氮磷钾肥，增施有机肥，并适当使用一些微量元素肥料，以增强树体的抗病力。③药剂防治。从4月开始，抢在主要发病期前喷药；喷药时应特别注意橘树中、下部内膛的树干和枝条的背阴面；严重的橘园可每隔半个月喷1次，连喷2 ～ 3次。药剂可用53.8%氢氧化铜（志信两千）干悬浮剂900 ～ 1 100倍液或80%代森锰锌（志信万生）可湿性粉剂600 ～ 800倍液加97%矿物油助剂(百农乐)250 ～ 300倍液，该配方还可兼治煤烟病、绿斑病等病害。

柑橘赤衣病：菌膜

柑橘赤衣病：菌丝体

柑橘赤衣病：受害叶片枯萎

柑橘赤衣病：田间为害状

11. 柑橘膏药病

该病在我国南方大部分柑橘产区均有分布，除为害柑橘外，还可为害桃、李、梨、柿及多种林木。由多种担子菌引起，国内主要是白色膏药病和褐色膏药病。主要为害柑橘的枝干部位，发病部位容易剥离，严重时可造成树势衰弱。

【田间诊断】该病主要为害柑橘小枝条或枝干，在受害枝干上产生圆形或不规则形的病菌子实体，恰似贴着膏药一般，故有“膏药病”之称。白色膏药病菌的子实体表面较平滑，白色或灰白色；褐色膏药病菌的子实体较白色膏药病略隆起而厚，表面呈丝绒状，通常呈栗褐色，周围有狭窄的略翘起的灰白色边带。两种子实体老熟时多发生龟裂，容易剥离。

【发生规律】该病由担子菌亚门的白隔担耳菌（*Septobasidium albidum* Pat.）（灰色膏药病）和卷担菌（*Helicobasidium* sp.）（褐色膏药病）引起，通常以菌丝体在患病枝干上越冬，翌年春末夏初温、湿度适宜时，产生担孢子借气流或昆虫活动传播为害，在寄主枝干表面萌发为菌丝，发展为菌膜。病菌既可从寄主表皮摄取养料，也可以介壳虫、蚜虫等排泄的“蜜露”为养料而繁殖，故介壳虫、蚜虫严重为害的果园发病往往较重。高温多雨的季节有利发病，潮湿荫蔽和管理粗放的老果园较多发病。在华南地区4 ～ 12月均可发生，其中以5 ～ 6月和9 ～ 10月高温多雨季节发病严重。

【防治方法】①修剪和清园。结合修剪清园，收集病虫枝叶烧毁，并注意剪除病枝，刮除主干和大枝上的菌衣，集中烧毁，特别在冬季或早春应彻底清园，清园可用97%矿物油（希翠）150 ～ 200倍液喷雾1 ～ 2次。②除虫控病。介壳虫种类多，捕食性和寄生性天敌也多，应因地制宜地采取农业、生物与化学防治相结合的措施控制其为害，减少发病。③药剂防治。重点做好4 ～ 5月和9 ～ 10月的防治；喷药时应特别注意橘树中、下部内膛的树干和枝条的背阴面；严重的橘园可每隔半个月喷1次，连喷2 ～ 3次；药剂可用53.8%氢氧化铜（志信两千）干悬浮剂

900 ~ 1 100倍液或80%波尔多（必备）可湿性粉剂400 ~ 600倍液加97%矿物油助剂（百农乐）250 ~ 300倍液，该配方还可兼治其他病害如煤烟病、绿斑病、赤衣病等。

柑橘膏药病：沙田柚枝干为害状

柑橘膏药病：沙田柚主枝为害状

柑橘膏药病：主干为害状

柑橘膏药病：主枝为害状

12. 柑橘黑星病

柑橘黑星病亦称为柑橘黑斑病，在我国柑橘产区均有发生，几乎所有柑橘品种均可被感染发病。该病主要为害果实，使果面产生大小不一的斑点，降低了果品的商品价值，也可为害枝梢和叶片，严重时会产生落叶落果。

【田间诊断】主要为害成熟的果实，又分为黑斑型和黑星型两种。黑斑型果面上初生淡黄色或橙色的斑点，后扩大成为圆形或不规则形的黑色大病斑，直径1～3厘米，中部稍凹陷，着生许多黑色小粒点；严重时很多病斑相互联合，甚至扩大到整个果面。黑星型在将近成熟的果面上初生红褐色小斑点，后扩大为圆形的红褐色病斑，直径1～5毫米，多为2～3毫米；后期病斑边缘略隆起，呈红褐色至黑色，中部灰褐色，略凹陷，其上生有少量黑色小粒点状的分生孢子器。病斑不深入果内，病斑多时可引起落果；叶片上的病斑与果实上的相似。

【发生规律】该病无性世代为半知菌亚门的柑果茎点菌蜜柑变种（*Phoma citricarpa* McAlpine），有性世代为子囊菌亚门的柑果球座菌（*Guignardia citricarpa* Kiely）。病菌主要以子囊果和分生孢子器在病叶、病果上越冬，也能以分生孢子器和菌丝体在病果、病叶和病枝上越冬，翌年春季条件适宜时，从子囊果和分生孢子器内分别散出子囊孢子和分生孢子，通过风雨和昆虫传播，落在柑橘的幼果和嫩叶上侵入为害。

据广东、福建等地观察，对果实的侵染主要发生在谢花期至落花后一个半月内，7～8月开始出现症状，9～10月为果实发病高峰期，11月以后发病基本停止。不同的柑橘品种中，以南丰蜜橘、早橘、本地早、乳橘、年橘、茶枝柑、椪柑、蕉柑、柠檬、沙田柚、新会橙和暗柳橙等发病较重，大多数橙类、温州蜜柑、雪柑和红柑等较为抗病；一般幼年树很少发病，七年生以上的大树，特别是老树发病较重；高温高湿，晴雨相间的条件下发病严重；栽培管理不善、遭受冻害、果实采收过迟等造成树势衰弱的

发病较重。

【防治方法】①修剪和清园。剪除发病枝叶，及时收拾落叶、落果，予以烧毁，再结合其他病虫害的防治用45%石硫合剂晶体100 ~ 150倍液喷洒清园。②加强栽培管理。做好肥水管理和害虫防治工作，保持强健树势，减少发病。③药剂防治。重点掌握落花2/3时及幼果期喷药保护，每隔10 ~ 15天喷药1次，7 ~ 9月视天气情况每月至少再喷药1 ~ 2次。保护剂可选用：80%代森锰锌（新万生、志信万生）可湿性粉剂600 ~ 800倍液、70%丙森锌（鼎品）可湿性粉剂700 ~ 800倍液等；治疗剂可选用：25%苯醚甲环唑（博洁、绿码）乳油3 000 ~ 4 000倍液、43%戊唑醇（剑力多）悬浮剂3 000 ~ 4 000倍液；或直接使用混剂防治，如45%戊唑咪鲜胺（己足）悬浮剂1 500 ~ 2 000倍液、32.5%苯甲醚菌酯（又胜、喜绿）悬浮剂1 500 ~ 2 000倍液、65%戊唑丙森锌（剑康）可湿性粉剂1 000 ~ 1 500倍液、30%吡唑戊唑醇（戎益丰）2 000 ~ 2 500倍液等。

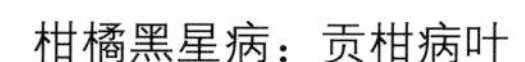
柑橘黑星病：贡柑病叶

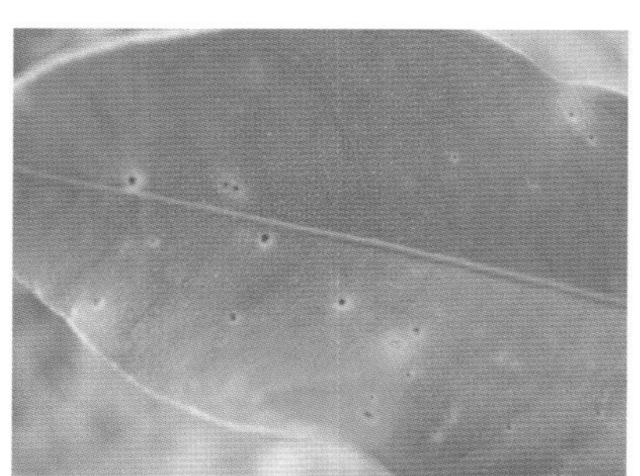

柑橘黑星病：金柑病叶

柑橘黑星病：茂谷柑病果

柑橘黑星病：椪柑病果

柑橘黑星病：沙糖橘病叶

柑橘黑星病：砧板柚病果

柑橘黑星病：沙田柚病果

13. 柑橘流胶病

柑橘流胶病是我国柑橘产区主要病害之一，主要发生在主干上，其次为主枝，小枝上也可发生，严重的可导致树体死亡。主要为害柠檬、金柑、橙类和柚类等。

【田间诊断】发病初期皮层出现红褐色小点，疏松变软，有时中央裂开，流出露珠状胶液，随着病害的加重，病部不断扩大，多为不规则形，流胶增加，后期病部皮层褐色且湿润，有酒糟味；

病斑可沿树干皮层纵向发展，但不深入木质部为害（这是与柑橘树脂病的根本区别），剥去外皮层可见白色菌丝层中有许多黑褐色突起小点；病树树势差，后期叶片主、侧脉深黄色，无光泽，易早落；果实小，提前转黄，味酸。

【发生规律】据报道，引起柠檬流胶病的病原菌有5种，其中以疫菌 *Phytophthora* sp.感染和发病最快；也有人认为本病是树脂病、脚腐病、炭疽病、黑色蒂腐病、菌核病等多种病原同时感染表现的同型现象。该病全年均可发生，一般以菌丝体和分生孢子器在病残组织中越冬，翌年春季条件适宜时产生分生孢子借风雨传播；老树、弱树发病重；土壤黏重、长期积水、树冠郁闭的果园发病重；受冻害的果园发病重；在广西地粉蚧为害严重的金柑园流胶病也发病重。

【防治方法】①加强栽培管理。增施有机肥和磷钾肥，加强果园给排水管理，保持强健树势，减少发病。②做好冬季清园。结合冬季修剪，及时剪除病虫枯枝和果园清洁工作，同时用45%石硫合剂晶体100 ～ 150倍液清园1 ～ 2次。③树干涂白。可在入冬前用石灰涂白树干，可防晒防冻，防止枝干害虫造成伤口。④病树治疗。树体发病后，可用利刃刮出病部，同时深刻木质部裂口数条，再用70%甲基硫菌灵可湿性粉剂50 ～ 100倍液加80%三乙膦酸铝·锰锌可湿性粉剂50 ～ 100倍液涂抹，7 ～ 10天后再涂抹一次。

流胶病：金柑嫁接树树干流胶

流胶病：沙田柚树干流胶

流胶病：金柑实生树树干流胶

14. 柑橘青霉病和绿霉病

青霉病和绿霉病可为害柑橘、苹果、猕猴桃等多种果树，主要为害成熟果实，为贮运期的主要病害。

【田间诊断】①青霉病：初期出现水渍状圆形软腐病斑，2 ~ 3天后病斑上长出白霉状菌丝层，并很快长出青色粉状霉层（病菌的分生孢子梗和分生孢子），外围白色菌丝带较窄，仅1 ~ 2毫米。果实腐烂后与包纸或其他接触物不粘连。烂果发生霉气味。②绿霉病：初期产生水渍状圆形软腐病斑，几天后病斑上长出白霉状菌丝层，随后在白色菌层上长出绿色粉状霉层（病菌的分生孢子和分生孢子梗），外围白色菌丝带较宽，达8 ~ 15毫米，果实腐烂后与包装纸或其他接触物粘连。烂果发出闷人的芳香气味。

【发病规律】青霉病的病原为一种称为意大利青霉的真菌，绿霉病由一种指状青霉引起。两种病的病原菌常腐生在各种基物上，借气流或接触传播，由伤口侵入。果面伤口是引起该病大量发生的关键因素。此外，长期单一使用某一种杀菌剂，病菌产生抗药性，使药效日趋下降，也是发病严重的原因之一。

【防治方法】①适时采收，提高采果质量。实践证明，果实八成熟时采收既能保护果品风味，也较耐贮藏。此外，采果及贮运过程中轻拿轻放，减少伤口，也是控制腐烂的关键之一。②用杀菌剂处理。采果前对贮藏库和工具进行消毒。每立方米库房用10克硫黄粉加锯木屑点火发烟熏蒸24小时，或用25%咪鲜胺（使百克）乳油1 000 ～ 1 500倍液喷雾。工具可置库房内一起熏蒸或喷雾。果实在采后3天内用杀菌剂浸果数秒钟，捞起滴干药水并置室内2 ～ 3天后即可入库或包保鲜袋贮藏。浸果可选用如下药剂：25%咪鲜胺（施保克、使百克）乳油500 ～ 1 000倍液或50%抑霉唑（戴唑霉）乳油2 000 ～ 2 500倍液，用时应加入80% 2,4-D钠盐4 000倍液混用。

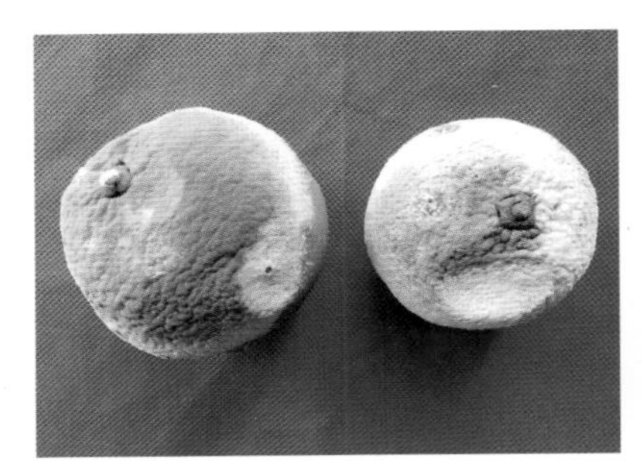

柑橘青霉病（左）和绿霉病（右）

柑橘绿霉病：病果

柑橘绿霉病：田间发病状

15.柑橘绿斑病

柑橘绿斑病又称柑橘青苔，由绿藻门虚幻球藻属虚幻球藻（*Apatococcus lobatus*）引起。据在阳朔、临桂、灵川、全州、荔浦、富川、柳城和融安等地所调查的65个橘园中有64个果园发病，为害率达98.4%，病情指数最高达72.4；该病已成为广西柑橘园中的主要病害之一，其为害逐年加重，以春秋两季发生最多。

【田间诊断】发病初期，叶片和果实上出现黄绿色小点，以后逐渐向四周扩展，形成不规则斑块并相互愈合，覆盖全叶和整个果实，严重影响叶片光合作用；柑橘果实感染时，果实大小和果形无明显影响，但对果实的色泽、外观和内在品质有显著影响，降低生产效益。

【发生规律】该病藻以孢子体形态在柑橘树体各个器官以及柑橘园周围其他树体上越夏、越冬，当环境条件适宜时，孢子体进行无性繁殖，借风、雨、昆虫等传播；寄主广，寄生部位多，在桂北地区每年3～5月和9～11月发病严重。果园管理粗放，通风、透光差，树体枝叶交叉、遮阴严重，发病就严重。此外，该病的发生还与空气湿度密切相关，当空气湿度大于80%时，发病就严重。近年来，柑橘绿斑病的不断发生为害，与大量使用叶面肥尤其是有机叶面肥关系密切。

【防治方法】①加强果园栽培管理。及时清除病株的枯枝、落叶和落果；适时搞好排水、松土、除草，可增加土壤通透性，降低果园湿度；合理修剪，改善树体通风、透光条件，以减少病原物寄生。②柑橘生长季喷施铜制剂、三唑类等杀菌剂有一定防治作用，效果一般在50%～70%，而80%乙蒜素（清苔虎）乳油1 000～1 500倍液防治效果可达90%～100%，效果较好。③在青苔发生严重的果园，可在每年采果后用97%矿物油（希翠）150～200倍液或45%代森铵水剂300倍液清园一次，翌年柑橘萌芽前再用同样药剂清园一次，可全年有效地控制青苔为害。但必须注意：45%代森铵水剂300倍液对嫩芽、嫩梢、成熟期果实有药害，故须在采果后至萌芽前使用。

绿斑病：金柑病叶

绿斑病：南丰蜜橘病叶

绿斑病：南丰蜜橘枝干发病状

绿斑病：沙糖橘病叶

绿斑病：温州蜜柑病叶

绿斑病：温州蜜柑全株发病状

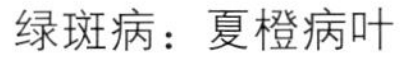
绿斑病：夏橙病叶

绿斑病：夏橙病果

（三）病毒病及类似病毒病

1.柑橘茎陷点病

柑橘茎陷点病又称茎陷点型柑橘衰退病。我国大多数柑橘产区的脐橙、夏橙等甜橙类品种有发生，重庆、四川、浙江和广西等省（自治区、直辖市）的一些柚类品种以及广西的温州蜜柑、暗柳橙等品种上也有发生，已成为这些地区的一种严重病害。

【田间诊断】病树枝条木质部陷点或陷沟（简称茎陷点）是该病最有代表性的症状，剥开一年生或二年生枝条的皮层，可见其木质部呈现淡黄色的条状陷点或陷沟。轻者陷点细小和稀疏，重者陷点多如蜂窝状，或陷点长而凹陷明显。但是，该病在不同的品种上的症状表现有所不同。在脐橙和夏橙等甜橙类品种上主要表现茎陷点症状，在脐橙上还可表现春梢叶片扭曲畸形，果实变扁变小等症状。在沙田柚、酸柚等柚类品种上，除了表现严重的茎陷点症状外，还可表现植株矮化，春梢短促和丛生，春梢叶片扭曲畸形症状。在温州蜜柑上，一般不表现茎陷点症状，而表现类似柚类品种的植株矮化、春梢短促和丛生，春梢叶片扭曲畸形等症状。此外，在春梢幼嫩期，还会出现船形叶和叶脉脉明或黄脉症状；果实在膨大期会出现果面放射状的沟槽，后随果实的长大而逐渐消失。在暗柳橙上，主要表现为幼嫩春梢的船形叶和叶脉脉明或黄脉，转绿后的春梢叶片也可表现类似于温州蜜柑春梢叶的扭曲畸形状；而在果实膨大期，果面上会出现深浅及大小不等的凹坑，后随果实的长大而逐渐消失。未经脱毒的暗柳橙无性系后代植株无茎陷点症状，而其实生苗则可表现茎陷点症状。

【发生规律】该病由一种线状病毒引起，可通过带毒苗木、接穗传播。在田间由橘蚜、棉蚜、橘二叉蚜和锈线菊蚜等蚜虫传播。其中橘蚜是传毒率最高的虫媒。因此，随着蚜虫种群数量的增加，茎陷点病为害也将加重。此外，由于橘蚜的存在，带毒隐症的柑橘树反而可能成为潜在的危险。

茎陷点病可感染几乎所有的柑橘种及其杂种，其中大多数甜橙品种和柚类品种高度感病，而大多数宽皮柑橘类品种耐病或较耐病；对柑橘衰退病的苗黄株系和酸橙砧柑橘树衰退株系耐病或抗病的砧木如枳、枳橙及酸橘等，不抗茎陷点病，甜橙和柚类实生苗也不抗病。

【防治方法】①对于只有零星发病的果园，应及时挖去病株，并加强传毒蚜虫的防治，减缓其传播蔓延的速度。②选择适合本地的柑橘衰退病毒的弱毒株系，利用其作弱毒交叉保护，是茎陷点病最有效的防治方法。③培育和栽种无茎陷点病的苗木，对减轻幼龄果园的为害有积极作用。

柑橘衰退病：甜橙果顶放射沟状

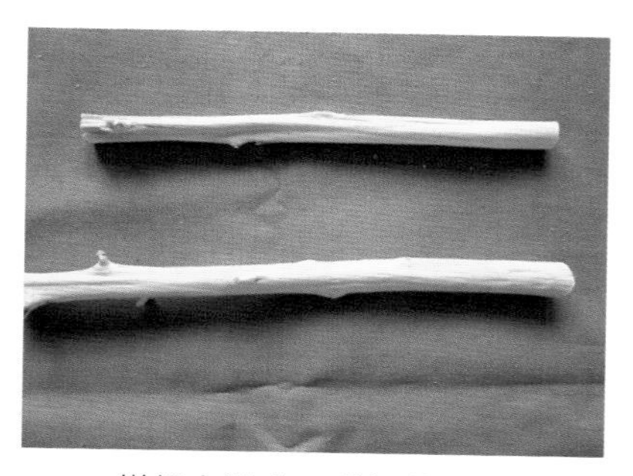

柑橘衰退病：甜橙茎陷点

柑橘衰退病：叶片扭曲状

柑橘衰退病：早熟温州蜜柑春梢叶脉透明

2. 柑橘裂皮病

该病是一种世界性的危险性传染病，广泛分布于我国的各柑橘主产区，一些采用感病砧穗组合的果园，因严重发病而导致全园毁灭的情况时有发生，已成为威胁我国柑橘生产持续发展的重要病害之一。

【田间诊断】以枳、枳橙和莱檬等感病品种作砧木的柑橘树罹病后，其砧木部的皮层作纵向开裂，尔后老皮剥落，新皮又开裂，年复一年，反复发生，这是该病最具特征性的症状。而病树嫁接口以上的接穗部的皮层生长正常、不开裂。久之，枳砧病树则表现砧穗部粗细无异（正常树砧木部显著大于接穗部）；莱檬砧则可表现上（接穗部）大下（砧木部）小的异常症状。罹病植株在苗期无症状表现，而在定植后2 ～ 3年或更长时间开始表现砧木皮层开裂症状。由于树冠生长受抑制而表现矮化或严重矮化，枝条短而纤弱，花多而结果少、果小、皮光滑，品质变劣。严重者可导致整株死亡。该病在酸橘、红橘、粗柠檬等抗病品种作砧木的柑橘树上无可见症状，为带毒隐症植株。对带毒隐症植株可用伊特洛格香橼亚利桑那861品系作指示植物鉴定，以作出诊断。该病在指示植物上的症状是新叶中脉抽缩，致使叶片向叶背严重卷曲；有时叶片形状正常，但病株不抽新梢，而在成熟叶片背面的主脉两侧出现长短不一的“黑脉”，“黑脉”可散生也可呈网状。严重的植株，可同时发生叶卷曲和“黑脉”两种症状。

【发生规律】该病由一种类病毒引起，可通过嫁接传播，也可通过被污染的刀剪等工具传播。因此，带毒的隐症植株可能成为潜在的传染源。此外，菟丝子也能传病。但迄今未发现有昆虫传播此病，种子也不传病。

裂皮病可感染几乎所有的柑橘类果树，但在耐病的砧穗组合（如酸橘或红橘嫁接的甜橙或宽皮柑橘）上隐症。在敏感砧木（枳、枳橙、莱檬）的柑橘树上，可严重发病。但其潜育期一般长达数年之久。对于隐症植株和尚未表现症状的敏感植株，目前多用指示植物鉴定来作出甄别。

【防治方法】①培育和种植无病苗木。无病苗木可从两个途径获得：一是通过指示植物鉴定选择田间无裂皮病的优良单株，直接采穗繁殖；二是对带病的优良母树，采用茎尖嫁接方法脱除裂皮病后培育无毒母树，再从这种无毒母树上采穗培育无病苗木。②消毒嫁接和修剪工具，防止田间传播。在嫁接或修剪了可能感染裂皮病的植株后，用10%漂白粉（含次氯酸钠5.25%）溶液或1% ～ 2%次氯酸钠擦洗消毒用过的刀、剪等工具，并立即用清水洗净，以免刀、剪被腐蚀而生锈。③采用耐病砧木。在尚未培育出无毒母树而生产上又迫切需要发展某一品种时，可应用耐病砧木（如酸橘、红橘、枸头橙），以防裂皮病的严重为害。对一些裂皮较重、长势和结果较差的植株，也可通过靠接耐病砧木的方法，促使树势恢复，带病结果。但不能在耐病砧木的柑橘树上直接采穗繁殖苗木，而且在这种树上用过的刀、剪等工具应消毒后方能在其他橘树上使用。④挖除病树。对症状明显，生长衰弱，已无经济栽培价值的病树，应及时砍除烧毁。

柑橘裂皮病：砧木纵裂

柑橘裂皮病：砧木纵裂

3. 柑橘碎叶病

碎叶病主要为害以枳及其杂种作砧木的柑橘树。我国浙江、广东、广西、福建、台湾和湖南的一些栽培品种，以及湖北和四川的个别地区品种感染了碎叶病。近年从国外引进的某些品种也带有碎叶病。局部地区的一些果园受到了严重为害。因此，碎叶病与裂皮病一样，成为我国柑橘生产的一种潜在的威胁。

【田间诊断】感病树的特征性症状为紧邻嫁接口的接穗基部显著肿大（砧负现象），有些砧穗愈合口的木质部呈黄褐色环缢状。感病植株矮化，受强风等外力推动时，有的病株容易从嫁接口处断裂，裂面光滑。后期病树叶片叶脉黄化，类似环状剥皮引起的黄化，黄叶易脱落，严重的全株枯死。在指示植物鲁斯克枳橙和粗皮莱檬上表现叶片缺刻，似“碎叶”，叶面凹凸不平及不规则黄斑。

【发生规律】该病由一种发形病毒属病毒引起，主要为害以枳

及枳的杂种作砧木的柑橘树。可通过嫁接及受污染的刀、剪传播。至今未发现昆虫传病。

该病的寄主范围较广。受侵染的枳橙、枳檬、枳金柑等枳的杂种和厚皮莱檬表现症状，其他品种感染后无症状。

【防治方法】除脱毒方法不同外，其他措施与裂皮病相同。该病的脱毒可采用如下两种方法：①热治疗脱毒。在人工气候箱中，白天16小时，40℃，光照；夜间8小时，30℃，黑暗，处理带病苗木2个月以上可脱除病毒。②高温-茎尖嫁接脱毒。即病苗先经上述热治疗后，再取芽作茎尖嫁接，可更好地脱除病毒。

柑橘碎叶病：W.默科特病株（郑吉祥）

柑橘碎叶病：W.默科特嫁接口（郑吉祥）

柑橘碎叶病：W.默科特嫁接口（郑吉祥）

柑橘碎叶病：W.默科特接穗基部膨大（郑吉祥）

柑橘碎叶病：W.默科特叶脉黄化
（郑吉祥）

柑橘碎叶病：沃柑黄环

柑橘碎叶病：沃柑接穗基部膨大状

柑橘碎叶病：沃柑树冠发黄状

柑橘碎叶病：挖出的沃柑病株

柑橘碎叶病：沃柑叶片纵卷

柑橘碎叶病：沃柑整株青枯

（四）线虫病害

1.柑橘根结线虫病

大多数枳壳砧木的柑橘品种都可罹病，被害植株形成根结，并最终导致病根坏死，树势逐渐衰退，甚至全株凋萎枯死。

【田间诊断】线虫侵入须根，使根组织过度生长，形成大大小小的虫瘿根瘤状的根结；新生根瘤乳白色，后变为黄褐色至黑褐色。受害小根扭曲、短缩，严重时根系盘结成须根团。最后，病根坏死，老根瘤腐烂。受害轻的成年植株树冠部分无明显症状；受害重者，叶片失去光泽并黄化，开花多，坐果少，冬季落叶严重，树势逐渐衰退，数年后可致全株死亡。

【发病规律】该病由根结线虫引起。病原线虫以卵及雌成虫越冬，由病苗、病根和带有病原线虫的土壤、水流以及被污染的农具传播；在条件适宜时，卵在卵囊内发育成为一龄幼虫，蜕一次皮后成为二龄侵染幼虫，侵入嫩根为害，使根尖形成不规则的根瘤；幼虫则在根瘤内生长发育，再经3次蜕皮发育成为成虫；雌雄成虫成熟后再交尾产卵，卵聚集在雌虫后端的胶质卵囊中，卵囊一端露在根外。

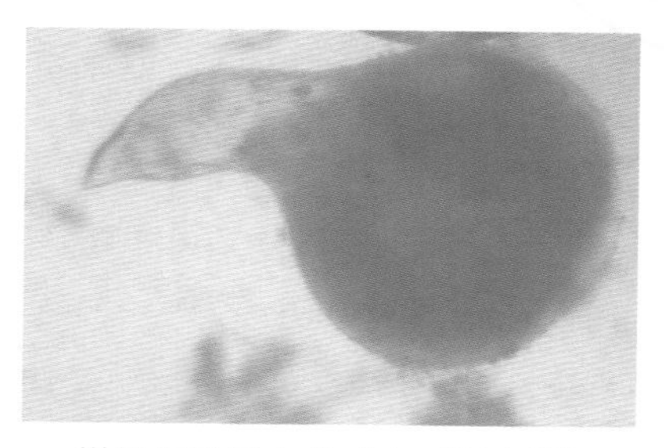

柑橘根结线虫雌成虫（刘志明）

【防治方法】①实施检疫，严禁从病区调运苗木。②如病苗感病，可在移栽前用48℃热水浸根15分钟或用3%阿维噻唑磷（根线清）水乳剂1 000倍液蘸根。③感病果园，可每年分别在春梢萌芽前和放秋梢前用10亿孢子/克淡紫拟青霉菌肥（紫砂）3 ~ 5千克/亩伴细土或肥料撒施树盘，然后覆土灌水或用3%阿维噻唑磷（根线清）水乳剂1 000 ~ 1 500倍液树盘泼浇，用水量15 ~ 25千克/株（以浇透树盘5 ~ 10厘米土壤为宜）。

柑橘根结线虫病：病根（刘志明）

根结线虫病：沙糖橘病根

柑橘根结线虫病：病株（刘志明）

2. 柑橘根线虫病

该病在广西各地均有发生，尤其是以酸橘、红橘砧木的柑橘品种发生严重，有些苗圃发生普遍。

【田间诊断】受害柑橘地上部分，叶片发黄、稀少，果实变小，根部无明显根瘤，受害根比正常根粗大，表面不平；严重时小根粗短、畸形，质地易碎，无光泽，根表皮易腐烂和剥离。

【发病规律】柑橘根线虫病由一种半穿刺线虫属的线虫引起，一般分布在10 ～ 30厘米的土层中。以卵和雌成虫越冬，由病苗、病根和带病土壤、水流及被污染的农具传播；开春后随土温的升高、新孵化幼虫开始为害新根。土壤温度对该线虫的活动和发生有影响，最适侵染温度为25 ～ 31℃ ；土质疏松有利于该病发生；红橘、酸橘对该病敏感，而枳、枳橙则较抗病。

【防治方法】参考柑橘根结线虫病防治方法。

柑橘根线虫病：受害根

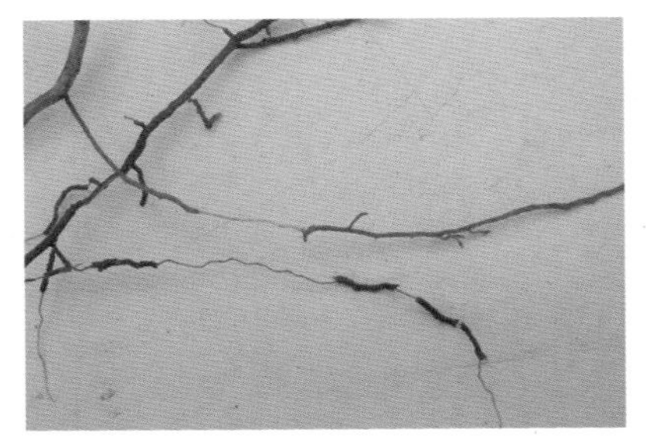

柑橘根线虫病：受害根（刘志明）

柑橘根线虫病：受害株病叶

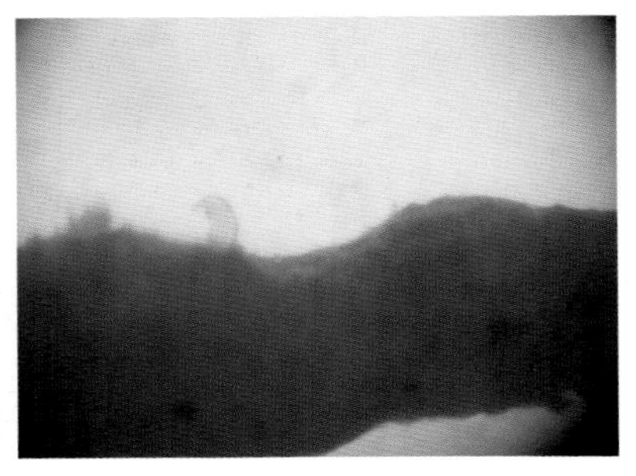

柑橘根线虫雌成虫（刘志明）

二、柑橘常见生理性病害

（一）营养失调症

1.柑橘缺镁症

柑橘缺镁症是柑橘常见缺素症，一般在结果树老叶上发生，造成叶片发黄、脱落，严重的引起果实不能成熟并早落或造成隔年结果。

【田间诊断】柑橘缺镁时，结果母枝中下位叶的主脉两侧出现肋骨状黄色区域，呈倒V形，相应地从叶尖到叶基部保持绿色约呈倒三角形，附近的营养枝叶叶色正常；严重时，果实不能成熟且早落，冬季大量落叶，易受冻害，大小年结果明显。

【发病规律】土壤镁含量低，如花岗岩发育的红黄壤；过量施用石灰可诱发缺镁症；过量施用钾肥、偏施铵态氮肥可诱发缺镁症；降雨过多造成土壤中镁离子流失可诱发缺镁症。

【防治方法】①改良土壤。主要是增施有机肥、矫正土壤酸碱度，以改善土壤的通透性。②合理施肥。控制钾肥、氮肥及石灰质肥料的用量，以避免这些元素过量产生对镁的拮抗作用。③土壤增施钙镁磷肥，一般40～50千克/亩。④叶面喷施柠檬酸螯合态镁肥如志信高镁1 500～2 000倍液，或用绿芬威微元宝1 500～2 000倍液，连用2～3次即可。

柑橘苗木缺镁症

沙糖橘缺镁症

沙田柚缺镁症

温州蜜柑缺镁症

沃柑缺镁症

2. 柑橘缺锌症

缺锌症是柑橘常见的缺素症，几乎所有的柑橘品种都发生。

【田间诊断】一般发生在新叶上。随着新叶老熟，叶脉间出现黄色斑点，逐渐形成肋骨状的鲜明黄色斑块，严重时新梢叶片常变小而窄（俗称辣椒叶），这是柑橘缺锌症的典型症状；缺锌枝梢节间缩短，叶呈丛生状，严重时顶枝枯死；果实明显变小，在果园中果树的向阳面发生较多。

【发病规律】首先是土壤中锌含量少，尤其是中性或偏碱的土壤，有效锌含量偏低；其次是土壤有机质含量低，供锌能力不足；第三是过量施用了磷肥，造成柑橘根系对锌吸收有明显的拮抗作用；第四是南坡强光照可促使柑橘缺锌加剧。

【防治方法】①合理施肥。在低锌土壤中要严控磷肥用量，合理施用磷锌肥，同时要避免磷肥过分集中施用，最好与有机肥混合施用。②增施锌肥。土壤施用硫酸锌，每亩可用1～2千克拌肥料施入；叶面喷施，可用柠檬酸态螯合锌如志信高锌1 500～2 000倍液或绿芬威微元宝1 500～2 000倍液喷雾，连用2～3次即可。

柑橘缺锌症病梢

柑橘缺锌症病叶

沃柑缺锌：新叶变小黄化（郑吉祥）

3. 柑橘缺锰症

受害柑橘树叶片轻微失绿，常与缺锌症伴随发生。

【田间诊断】与缺锌症相似，也表现为新梢叶片的主、侧脉及其邻近叶肉组织淡绿色，其余部分叶肉组织黄色，但叶片一般大小正常，随着叶片的老熟，症状也越明显，对果实的大小和品质的影响不大。

【发病条件】该病由于缺乏锰元素引起，属生理性病害；酸性土锰淋溶严重，或碱性土锰可溶性低，均可发生缺锰症；石灰性土极易产生缺锰症。

【防治方法】①在新梢和叶片转绿时，喷布80%代森锰锌（新万生、志信万生）可湿性粉剂600 ~ 800倍液，相隔10天连喷2 ~ 3次。②树干涂抹硫酸锰50 ~ 100倍液，可促进新梢生长。

柑橘缺锰症病梢

柑橘缺锰症病株

金柑缺锰症病叶

4. 柑橘缺硼症

受害柑橘树叶片和果实均表现症状，引起叶片和幼果脱落，造成产量减少。该病除柑橘外，梨、葡萄、柿、桃等品种也普遍发生。

【田间诊断】嫩叶上生水渍状小点，叶片扭曲，叶背主脉基部有水渍状斑。当叶片长成时，这些小斑点变成黄白色透明状，叶片易早落。老叶叶脉肿大，主、侧脉木栓化，严重时破裂，叶肉暗褐色，无光泽，向后卷曲。幼果果皮棕色，厚而硬，易早落。残留树上的病果果小，果面有瘤，萎缩呈畸形，内果皮厚而硬，白色，中果皮及果心充胶，种子发育不良，小而弯曲，果汁少，含糖量低。

【发病规律】造成作物缺硼有下列原因：①土壤含量少，且以离子形态存在的硼才会被作物吸收。②土壤中的水溶性硼易随水流失。③土壤中水溶性硼在干旱时易被固定而无法吸收。④各种杂交作物品种的大面积种植，需硼多，随作物流失。⑤土壤偏碱（pH>7.0）或偏酸（pH<4.5）时易造成水溶性硼的流失或被固定。⑥土壤有机质含量少，供硼能力差。

【防治方法】①冬季要施足基肥和基施硼肥。根据产量，每亩可施入厩肥2 500 ~ 5 000千克+钙镁磷肥100 ~ 150千克+石灰100 ~ 150千克（酸性土）+大地硼500 ~ 1 000克；或用生物有机肥如土豪金蚕沙肥0.5 ~ 2千克/株+钙镁磷肥100 ~ 150千克/亩+大地硼10 ~ 15克/株。②配合保花保果，在柑橘开花前7 ~ 10天用优质喷施硼肥1 000 ~ 1 500倍液叶面喷一次，可提高花器质量，减少畸形花。③谢花2/3到第一次生理落果期前再用优质喷施硼肥1 000 ~ 1 500倍液叶面喷第二次，可提高授粉质量，提高坐果率。④第二次生理落果期前再用相同的硼肥和浓度喷施第三次，可有效提高保果质量、促进幼果膨大和营养成分的积累，促进钙吸收，防止裂果、落果，提高水果产量和品质。⑤全年注意土壤水分的管理，重视果园绿肥种植或覆盖、防涝、防旱等。

贡柑缺硼症：白皮层充胶

贡柑缺硼症：畸形果

贡柑缺硼症：露柱花

金柑缺硼症：果实着色不良

南丰蜜橘缺硼症：脐黄

南丰蜜橘缺硼症：脐裂

脐橙缺硼症：果实干瘪

脐橙缺硼症：叶脉肿大

脐橙缺硼症：叶脉肿大卷曲

沙糖橘缺硼：卷叶

沙糖橘缺硼：全株卷叶

沙糖橘缺硼症：僵果

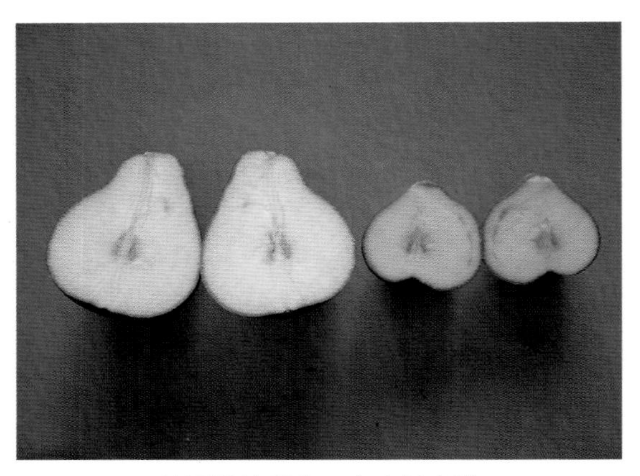

沙田柚缺硼症：白皮层充胶

沙田柚缺硼症：畸形果

温州蜜柑缺硼症：白皮层充胶

温州蜜柑缺硼症：僵果

温州蜜柑缺硼症：叶脉木栓化

5. 柑橘缺铁症

柑橘缺铁症是柑橘常见缺素症之一，在南方柑橘产区普遍存在，造成叶片发黄、脱落，严重影响树势。

【田间诊断】主要发生在嫩梢上。缺铁时，嫩梢叶片黄化，但叶脉仍绿色且脉纹清晰可见，呈网纹状；缺铁加重时，叶片除保持主脉绿色外，其余黄白化，甚至叶缘枯焦，提前脱落；秋梢发病比春梢重；树冠外部黄化比内部重。

【发病规律】①土壤条件。碱性土壤尤其是石灰性或次石灰性土壤，由于土壤pH高，铁的有效性降低而容易缺铁；其次是土壤中钙、锰等含量高时对铁有明显的拮抗作用，影响铁的吸收。②施肥不当。大量施用磷肥会诱发缺铁，主要是磷酸根离子与铁反应产生难溶性的磷酸铁盐；其次是果树吸收了过量的磷酸酸根离子也能与铁结合成难溶性化合物。③气候条件。多雨易缺铁，主要是土壤过湿，土壤容易产生大量碳酸根离子，使铁的有效性减低。

【防治方法】①改良土壤。主要是矫正土壤酸碱度，以改善土壤的通透性，提高土壤中铁的有效性及柑橘对铁的吸收能力。②合理施肥。控制磷肥、锌肥、铜肥、锰肥及石灰质肥料的用量，以避免这些元素过量产生对铁的拮抗作用。③施用铁肥。最好选用柠檬酸螯合铁肥如志信叶圣，可用1 000 ～ 1 500倍液喷雾连用2 ～ 3次，每次间隔10 ～ 15天；或用绿芬威微元宝1 500 ～ 2 000倍液，效果良好。喷硫酸亚铁只能点状复绿，效果差。

贡柑缺铁症病株

南丰蜜橘缺铁症：田间发病状

南丰蜜橘缺铁症病株

脐橙缺铁症：新梢叶片白化

脐橙缺铁症：叶片斑点

脐橙缺铁症：叶片枯焦

脐橙缺铁症病株

沙糖橘缺铁症：田间发病状

沙糖橘缺铁症：叶片白化

沙糖橘缺铁症：病株

沙田柚缺铁症：叶片白化

沙田柚缺铁症：病叶

6. 柑橘缺铜症

柑橘缺铜症比较少见，但近年来在沙糖橘上时有发生，广西桂林的阳朔县、荔浦县、恭城县、融水县、融安县等均有发现，部分果园发病严重。

【田间诊断】柑橘缺铜时，初期表现为新梢生长曲折呈S形，幼嫩枝梢表面有凸起的包块，包块内有褐色胶质物，包块破口后则产生流胶，部分病梢表皮有褐色斑块，病枝生长受阻，最后枯死；叶片偏大，主脉弯曲，叶形不规则，有些叶片后期也呈S形；果实表面部分有褐色斑块，严重时连成片状，最后果实开裂、脱落。

【发病规律】土壤含铜量低，如酸性或石灰性沙质土易缺铜；过量施用氮肥和磷肥易缺铜；有机质特别丰富的土壤，由于铜被土壤有机质螯合固定，也会引起柑橘缺铜。

【防治方法】①改良土壤。主要是增施有机肥，尤其是沙性和石灰性土壤，提供土壤有效铜含量。②合理施肥。控制氮肥及磷肥的用量，避免这些元素过量产生对铜的拮抗作用。③叶面喷施铜制剂。可用53.8%氢氧化铜（志信2000）干悬浮剂900 ~ 1 100倍液或80%波尔多（必备）可湿性粉剂400 ~ 600倍液喷雾，每次梢喷雾2 ~ 3次，间隔10 ~ 15天1次；如发病严重，也可用上述产品进行土壤泼浇，每次梢泼浇1 ~ 2次，用水量因树而定，每株25 ~ 50千克为宜。

沙糖橘缺铜：叶片S形

沙糖橘缺铜症：果锈

沙糖橘缺铜症：新梢S形

沙糖橘缺铜症：枝条鼓包

沙糖橘缺铜症：病株

7.柑橘裂果症

在我国，几乎所有柑橘品种的果实都会出现裂果现象，特别是商品价值比较高的柑橘品种，如红江橙、脐橙、贡柑、沙糖橘、南丰蜜橘、W.默科特、金柑等，一般裂果20%～30%，严重可达80%。亦称柑橘缺钙症。

【田间诊断】裂果发生的类型分为外裂、内裂、皱皮裂3种。果实内裂是由于种子高度败育，高度败育的种子不能产生赤霉素，而果皮中赤霉素浓度较高导致其与囊瓣生长速度不一，使果中轴先裂，造成果实内裂。果实外裂是由于在细胞膨大期和果实成熟期，连续干旱后暴风雨、大雾的来临导致长期受干旱胁迫的果实突发性猛长，果肉增大的速度远远大于果皮生长的速度，于是外果皮被撑开破裂。果实皱皮裂是由于果实发育前期（细胞分裂期和细胞膨大期）水分和树体营养供应失调等，中果皮发育部分受损，潜在的缺陷导致其成熟期易形成皱皮果，严重时中果皮细胞先产生裂隙，果面上呈现不规则的凹沟，随着白皮层的逐渐扩大，外果皮断裂，形成明显的裂口。

【发病规律】①无核或少核品种易裂果，如贡柑、沙糖橘、南丰蜜橘、朋娜脐橙、早熟温州蜜柑、锦橙、红江橙等。②栽培措施不当易裂果。如修剪不当、挂果太多等，致使树势过强或过弱，树体营养失调，造成裂果。③缺素易裂果，如缺钙、硼等。缺钙导致裂果是由于低水平的钙不足以维持膜结构的稳定性和细胞壁的弹性，但缺硼则影响钙的吸收和转运，故我国南方往往是先缺硼而后缺钙。④用于防裂果的钙肥非有机钙、吸收差、不含硼元素、效果差。⑤果园土壤水分管理不善，过干或过湿易裂果。

【防治方法】①施足基肥。厩肥2 500～5 000千克/亩+钙镁磷肥100～150千克/亩+石灰100～150千克/亩+大地硼500～1 000克/亩；或用生物有机肥如土豪金蚕沙肥0.5～2千克/株+钙镁磷肥100～150千克/亩+大地硼10～15克/株，效果更好。②用好赤霉素及硼肥。3～6月保花保果期使用植物生长调节剂如奇宝920、优质硼肥如志信高硼、美加硼、优质高钾叶面肥如志信高钾、绿芬威花果等保果2～3次。③用好钙肥。7～9月幼果膨大期按下列配方补钙、钾4～6次，每10～15天1次，如绿芬威果多多800～1 000倍液+绿芬威花果保800～1 000倍液或志信高钙1 000～1 500倍液+志信果圣1 000～1 500倍液或欧神微果露800～1 000倍液+欧神欧护1 000～1 500倍液等，均可与病虫防控一同进行。④管好水分。果园干旱要及时灌溉、大雨后要及时排水防涝，保持土壤湿润，水分均衡供应。⑤做好果园生草或覆盖。果园生草或覆盖（薄膜或稻草）可以增加果园的有机质，改善果园微生态环境，提高果园对土壤养分和水分的保蓄能力，使其不至于因干旱而过多地缺水，减轻因雨后大量吸水引起细胞迅速膨胀而发生裂果。⑥加强栽培管理。如加强树体修剪、增加树冠内膛的光照；保持合理的叶果比，疏除多余的劣质果，维持良好的营养生长和生殖生长平衡，可显著减少裂果。

W.默科特裂果症

贡柑裂果症

贡柑裂果症：田间落果状

桂橙1号裂果症

金柑裂果症（邓光宙）

茂谷柑裂果症

南丰蜜橘裂果症

温州蜜柑裂果状

沃柑裂果症

（二）其他生理性病害

1.柑橘日灼病

日灼病也称日烧病，是一种常见的生理性病害，全国柑橘产区均有发生。多发于高温干旱季节，受害果实、叶片受高温或烈日灼伤，影响发育，果实品质变差，失去商品价值。

【田间症状】受害叶片叶背出现褐色胶质状干硬斑，严重时叶面直接表现为枯斑，开始呈浅绿色，后变成黄白色。果实一般在尚未黄熟期开始受害，受害部位多为向阳面，果实受害后发育停滞，成熟后受害部位多为黄褐色、近圆形、呈下陷焦灼干疤，干疤质地较硬，表面粗糙；受害果一般变成扁圆形，果形不正；受害较轻时，灼伤部位只限于果皮，受害严重时，灼伤部位组织呈木栓化，囊瓣干缩，汁少味淡，果肉海绵状，品质低劣。

【发生规律】发病时间多在夏季高温季节，一般7月开始发病，8～9月最多；西南方向果实比东北方向果实发病重；温州蜜柑的早熟品种和大红柑发病重，杂交柑中茂谷柑、沃柑发病重，柚类品种发病最轻；果园缺水会加重该病发生。

温州蜜柑：田间贴纸预防日灼病

【预防措施】防治该病目前尚无有效方法，但用下列方法可减轻该病发生：①建园时在西南方向营造防护林以减轻烈日照射。②尽量选择种植日灼病少的品种，如种植了早熟品系的温州蜜柑，宜选择软枝型品系并适当密植。③幼年结果树应避免过度修剪。④尽量在果园中种植绿肥或生草栽培。⑤易发日灼病的品种，可从7月开始用白纸遮盖易受害部位，减轻日灼病发生。

温州蜜柑日灼病：前期症状

温州蜜柑日灼病：后期症状

沃柑日灼病：早期症状

沃柑日灼病：中期症状

沃柑日灼病：后期症状

沃柑日灼病：田间发病状

2.柑橘涝害

柑橘园因为排水不畅积水，甚至被水淹没，导致柑橘根系生长不良、树势衰退甚至整株死亡。

【田间症状】柑橘发生涝害后，首先受害的是未自剪嫩叶嫩梢、幼果，其次是自剪而未完全老熟新叶新梢，第三是当年生外围叶片和枝梢，第四是当年生内膛叶片和枝梢，最后是骨干枝和主干。据调查，所有柑橘品种的未成熟叶都对淹水敏感；水淹6小时以上，退水后叶片全部呈水浸状，继而腐烂和干枯；水淹12小时以下，成熟枝叶只有极少数的老叶脱落，没有枯枝，未成熟的新梢枝叶则腐烂脱落或干枯；水淹12 ~ 24小时，多数老叶和部分成熟叶片脱落，少量一、二年生枝枯死；水淹24小时以上的，几乎全部落叶，大部分一、二年生枝枯死，部分三至五年生枝枯死。果实淹水6小时以上均不同程度受害，会导致幼果脱落和在枝梢上变黑；水淹24小时果实最终脱落率为40% ~ 100%。

【发病规律】低洼地、河道边、平地果园容易发生涝害；台风易发地区容易发生涝害；春季、夏季容易发生涝害。

【预防措施】①避免在易发生涝害的区域种植柑橘。②水灾过后要及时排除果园积水，并及时清洗枝叶、果实上的污泥，清除树体上的污物。③及时修剪，对衰弱枝和洪水损害枝梢进行修剪，同时回缩多年生枝组。④当表土不再黏烂时即开始树盘松土并适度断根，同时淋施欧神微根露含腐殖酸水溶肥500 ~ 600倍液2 ~ 3次，以控制烂根、促发新根。⑤及时喷施叶面肥和杀菌剂，重点防止炭疽病、树脂病、黑腐病和溃疡病的发生流行及促发新梢生长。防治炭疽病、黑腐病可选择下列配方：配方一，80%代森锰锌（新万生、志信万生）可湿性粉剂600 ~ 800倍液+25%苯醚甲环唑（博洁、绿码）乳油3 000 ~ 4 000倍液+25%咪鲜胺（施保克、使百克）乳油1 000 ~ 1 500倍液+1.6%胺鲜酯（植物龙）水剂1 000 ~ 1 500倍液+绿芬威叶面保800 ~ 1 000倍液；配方二，

70%丙森锌（鼎品）可湿性粉剂700 ~ 800倍液+40%氟硅唑（志信富星）乳油4 000 ~ 5 000倍液+20%抑霉唑（美妞）悬浮剂1 000 ~ 1 500倍液+1.6%胺鲜酯（植物龙）水剂1 000 ~ 1 500倍液+志信叶圣1 000 ~ 1 500倍液；配方三，直接使用混剂加叶面肥防治，如45%戊唑咪鲜胺（已足）悬浮剂1 500 ~ 2 000倍液、32.5%苯甲醚菌酯（又胜）悬浮剂1 500 ~ 2 000倍液、65%戊唑丙森锌（剑康）可湿性粉剂1 000 ~ 1 500倍液等。防治溃疡病可选用下列药剂：80%波尔多粉（必备）可湿性粉剂400 ~ 600倍液、53.8%氢氧化铜（志信2000）干悬浮剂900 ~ 1 100倍液、1千亿孢子/克枯草芽孢杆菌（金菌胜）可湿性粉剂800 ~ 1 000倍液、1.8%辛菌胺醋酸盐（碧康）水剂1 000 ~ 1 500倍液等。喷药时要注意喷树冠、树干和树盘。

柑橘涝害：被淹果园

柑橘涝害：果树被冲倒

柑橘涝害：果树被冲断

柑橘涝害：果园积水

3. 柑橘冻害

冻害是气温过低对柑橘造成的一种伤害，广西北部山区县常有发生，如2008年、2018年冻害发生严重，桂北相当数量的果园都遭到严重冻伤。

【田间症状】轻微冻害时，受冻叶片出现大小不一的叶肉塌陷斑，初为青灰色，后转为浅褐色至灰白色，严重时整叶凋萎、纵卷，赤褐色，多数脱落，枝梢变黄，最后枯死。如叶片结冰，则全部凋萎，如同开水烫过，开始暗灰白色，随后变成赤褐色，最后全部脱落，枝梢枯死。严重时，受冻枝条和大枝、主干出现裂皮，皮层腐烂，致使上部死亡或整株死亡。受冻果实容易干瘪，空壳，粒化，汁少渣多，味淡，容易腐烂，失去商品价值。

【发生规律】发生冻害时间一般在当年12月到翌年3月；受害部位多数为晚秋梢、果实和春梢；迟熟品种比早熟品种容易受冻；树冠上部比下部容易受冻；幼树比老树容易受冻。

【预防措施】①合理规划，根据当地生态条件，发展种植合适的品种。②科学管理，增强树势，提高树体抗寒能力。③合理排灌，冻前适当灌水或淋水。④树盘盖草，提高地温，同时树冠覆膜保温避寒。⑤冻害后处理：首先要及时灌水；其次要及时中耕松土，同时剪除受冻枝梢和大枝，注意剪口处要涂白保护；第三要及时喷药保护，防止柑橘炭疽病、树脂病、溃疡病等暴发流行；第四要及时施肥，促进新梢萌发，重新培养树冠。

W.默科特冻害：全株死亡

贡柑冻害：大量枯枝

贡柑冻害：秋梢落叶

南丰蜜橘冻害：秋梢冻伤

脐橙冻害：叶背冻伤状

脐橙冻害：果树结冰

脐橙冻害：秋梢冻伤

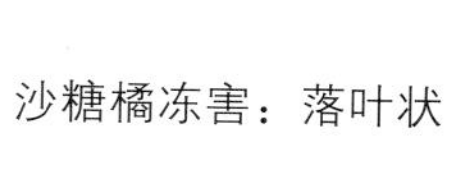

沙糖橘冻害：落叶状

沙糖橘冻害：叶片冻伤

沙田柚冻害：叶片冻伤

沃柑冻害：落果状（马振平）

沃柑冻害：落果状（郑吉祥）

4. 柑橘药害

柑橘药害是防治病虫害时喷布的药剂、保花保果时喷布的植物生长调节剂和叶面肥、果园除草喷布的除草剂等，由于选择的药剂不对、喷布的浓度不当或混用不正确等原因，使柑橘枝叶、花、果实和地下根系发生了伤害。

【田间症状】常见有枝条扭曲、叶片变形或有斑点、花蕾畸形或柱头外露、果实疤痕或变形、根系生长受阻等，严重时叶片黄化脱落，异常落花落果，果实品质降低，产量减少，经济效益损失严重。

【药害原因】主要原因有选择的药剂和浓度不当，或混用不正确，或喷药时没有结合柑橘物候期，或喷药时温度过高，或喷药时天气过于干旱等。

【预防措施】①喷药前先要看清楚标签或使用说明，了解该种农药的性质和防治对象；如还不清楚，应该向技术部门或经销商咨询。②对症下药，避免多种农药混用；如同时防治多种病虫需要混用多种农药时，需了解这些药的配伍性，药剂混合后如出现变色、冒气、沉淀、絮状物、发热等现象，说明这些药不可以混用，混好的药剂也不要再喷施。③不可随意提高药剂使用浓度，包括叶面肥。④避免在高温烈日的中午喷药。⑤喷施矿物油类、强碱性农药（波尔多液、石硫合剂、松脂合剂等）应注意天气状况、物候期等。⑥部分难溶于水的农药最好进行二次稀释配药。⑦要用清洁水作喷药用水，不可用污水稀释农药。⑧除草剂应选择对根系无影响的药剂，喷药时还应注意避免药液飞溅到植株枝叶上。

2,4-D留树保鲜后药害：春梢叶片卷曲

2,4-D留树保鲜后药害：
春梢叶片卷曲

氨中毒：全株叶片受害状

氨中毒：新梢受害枯死

氨中毒：新梢受害状

氨中毒：叶片受害状

百草枯*药害：果实受害状

百草枯药害：叶片受害状

春雷王铜：果顶药斑

* 百草枯水剂自2016年7月1日起停止在国内销售和使用。——编者注

春雷王铜：全果药斑

春雷王铜：叶片药害

氟啶胺药害：果面环形斑

W.默科特矿物油药害：果实疤痕

W.默科特矿物油药害：果实返青

W.默科特矿物油药害：叶背油斑

沙糖橘矿物油药害：果实油斑

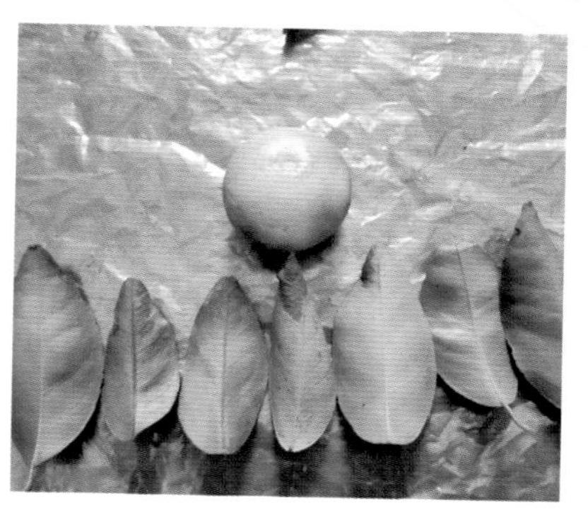

沙糖橘矿物油药害：落叶

温州蜜柑矿物油药害：果实油斑

温州蜜柑矿物油药害：着色不良

温州蜜柑硫悬浮剂药害：果实受害

温州蜜柑硫悬浮剂药害：叶片受害

温州蜜柑硫悬浮剂药害：果实受害

温州蜜柑硫悬浮剂药害：叶片受害

炔螨特药害：果实环形斑

炔螨特药害：果实环形斑

炔螨特药害：叶片畸形

脆蜜金柑使用噻苯隆膨大剂后果实畸形

金柑使用膨大剂后花叶

金柑使用膨大剂后落叶

普通金柑使用噻苯隆膨大剂后果实畸形

腈菌唑药害：叶片卷曲

三唑锡药害：果实表皮油胞受害状

沙糖橘杀梢素药害：果实疤痕

沙糖橘杀梢素药害：果实疤痕

夏橙杀梢素药害：果实疤痕

金柑铁肥药害：果实裂纹

金柑铁肥药害：果实裂纹

金柑铁肥药害：果实裂纹

沙糖橘铁肥药害：果实疤痕

沙糖橘铁肥药害：果实疤痕

沙糖橘铁肥药害：果实疤痕

乙蒜素药害：沙糖橘果面黑斑

乙蒜素药害：沙糖橘果实疤痕

不明原因病害

1.温州蜜柑青枯病

该病广西最早发现于1963年，1970年冬至1971年春在广西大暴发，不少温州蜜柑园成片青枯死亡，损失惨重，随后其他省份也有报道该病发生。广西以桂林、南宁和河池发病最重。该病病因尚不明确。

【田间症状】主要表现为树冠部分大枝或整个树冠叶片呈失水状态，无光泽而柔软，几天后叶片纵卷干枯，挂于树上或脱落；病树上的果实逐渐变干，最初挂在树上不容易脱落，但随着橘树干枯死亡也最终脱落。剥开病树嫁接口处皮层，可见愈合口处有一黄褐色环带，砧穗结合部上下界限明显，接穗部分木质部和韧皮部呈黄褐色，缺乏水分；砧木部分则呈白色，水分充足，生长正常。

【发病规律】一般在11月到翌年5月发病，也有6 ～ 10月发病的。主要为害温州蜜柑、南丰蜜橘、本地早，其他品种中沙糖橘在广西亦发现有病例；温州蜜柑发病与其砧木有密切关系，以檬檬、酸橘、甜橙、酸柚作砧木的发病早且重，而以枳壳作砧木的发病少；中、晚熟的温州蜜柑发病多，早熟品系发病少；苗木及幼年未结果树发病少，七至八年生结果树发病多。长期低温阴雨突然转晴时发病最重；丘陵、平地、山地、水田都有发病；

同一果园，低洼地发病较早；管理水平高与管理水平低的果园均有发病。

【防治方法】由于病因不明，尚无有效防治方法，但采取下列措施可以减轻该病受害：①采用枳壳作砧木，适当发展早熟品系。②发病后要及时重剪，追施速效肥，促使新梢抽发，重新培养树冠。③对用檬檬、酸橘、甜橙、酸柚作砧木的发病树，可用枳壳靠接，可增强树势，防止或延缓该病发生。

温州蜜柑青枯病：黄环

温州蜜柑青枯病：田间发病状

温州蜜柑青枯病：叶片干枯

温州蜜柑青枯病：叶片青枯

温州蜜柑青枯病病株

2. 柑橘黄环病

该病又称为枳砧甜橙黄化病，是华南柑橘区近年来发生较突出的病害。该病主要发生在枳砧甜橙的苗木上，定植后的苗木或结果树也有发生；枳砧椪柑、枳砧沃柑、枳砧茂谷柑、枳砧W.默科特等也常见发生。

【田间症状】初发病树（或苗木）的春、夏梢一般生长正常，而在7～8月抽出的晚夏梢和秋梢则表现主、侧脉黄化，叶肉浅绿色，叶片无光泽，随后整株叶片变成此种黄化。剥开嫁接口处树皮，接穗和砧木结合处呈黄褐色，严重时可整株死亡；有的病树，砧穗结合处很脆，稍稍用力一推或受大风吹刮就会折断，断面自然、光滑，愈伤组织黄褐色，只有少量木质部连接。与柑橘碎叶病最大的不同就是病株接穗基部不肿大。

【发生规律】该病目前病因未明，有人认为是一种生理性病害；也有人认为是嫁接不亲和引起，如大叶大花枳最严重；也有人认为与碎叶病毒有关，但至今没有发现病毒粒子。主要发生在以枳壳作砧木的低酸品种上，如甜橙、杂交柑（沃柑、茂谷柑、W.默科特、贡柑）、椪柑等。初发病树一般在定植后2～3年开始发生，在挂果初期表现更盛；广西、广东、福建、湖南等柑橘区发生普遍。

【防治方法】①选用经过试验合适的砧木，如沃柑选用香橙、甜橙选用酸橘等，如选用枳壳作砧木，最好选用经过嫁接试验亲和良好的单株或品系。②对已定植的枳壳柑橘表现轻度黄化时，可靠接适宜的砧木换砧，如枳壳甜橙可换酸橘、枳壳沃柑可换香橙或酸橘等，可明显改善黄化症状。

柑橘黄环病：贡柑被大风刮倒

柑橘黄环病：贡柑嫁接口

柑橘黄环病：茂谷柑嫁接口

柑橘黄环病：茂谷柑嫁接口黄环

柑橘黄环病：茂谷柑全株死亡

柑橘黄环病：茂谷柑田间发病状

柑橘黄环病：南丰蜜橘发病株

柑橘黄环病：南丰蜜橘秋梢青枯

柑橘黄环病：南丰蜜橘田间发病状

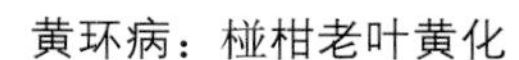
黄环病：椪柑老叶黄化

黄环病：椪柑死亡株

黄环病：椪柑田间发病状

柑橘黄环病：沙糖橘高接青枯发病状

柑橘黄环病：沙糖橘青枯发病状

柑橘黄环病：沙糖橘病株

柑橘黄环病：沙糖橘黄环

柑橘黄环病：沙糖橘结果树黄环

柑橘黄环病：沙糖橘结果树青枯死亡

四、柑橘常见害虫

（一）嫩梢及叶片害虫

1.柑橘木虱

柑橘木虱除为害柑橘类果树外，还有九里香和黄皮。以成虫和若虫为害嫩芽和嫩叶，受害芽凋萎、叶片畸形，其排泄物能诱发枝叶煤烟病，同时，该虫还是柑橘黄龙病的传播者。

【形态特征】成虫 体长2.8～3毫米，青灰色，密布褐色斑纹，头部前方的两个颊锥明显凸出如剪刀状，休止时头部向下，腹部翘起，体与附着面呈45°角。卵 橘黄色，芒果形，长0.3毫米；若虫共5龄，五龄若虫体长2毫米，体淡黄至黄褐色或稍带青绿色，扁椭圆形，状似盾甲。

【发生规律】桂林一年发生7～8代。以成虫在寄主植物的叶背上越冬。翌年3月上、中旬，在新梢上产卵于嫩芽、嫩叶上，每雌成虫产卵700～800粒不等。一至三龄若虫只在嫩叶附近活动，吸食寄主汁液，排出白色丝状的排泄物，常诱发煤烟病。其田间虫口数量消长与柑橘新梢抽发时间相对应。正常年份，5月上旬为第一个发生高峰期，7月上旬和9月为第二个和第三个高峰期。

【防治方法】①成片果园种植同一柑橘品种，加强栽培管理，使枝梢抽发集中整齐，并摘除零星嫩梢，可减轻为害。②营造防护林的果园，有一定荫蔽度，木虱发生少。③保护利用天敌，主要有寄生蜂、瓢虫和草蛉等。④采完果后立即喷一次药，杀灭越冬木虱，并及时剪除未老熟的晚秋梢或冬梢。⑤药剂防治。采果后挖除黄龙病树之前和每次嫩梢抽发期以及晚秋梢、冬梢，均应喷药2次以上，每次间隔10天。防治药剂可选择25%呋虫胺油悬浮剂2 500 ～ 3 000倍液、25%噻虫嗪干悬浮剂1 500 ～ 2 000倍液、25%吡蚜酮悬浮剂1 500 ～ 2 000倍液、2.5%联苯菊酯乳油1 000 ～ 1 500倍液、2.5%氟氯氰菊酯乳油1 500 ～ 2 000倍液等。施药时，连同果园周围的芸香科植物一起喷洒。

柑橘木虱产卵状

柑橘木虱成虫

柑橘木虱成虫

柑橘木虱交配状

柑橘木虱若虫（彭成绩）

黄皮上的柑橘木虱成虫

九里香上的柑橘木虱成虫

2. 柑橘红蜘蛛

柑橘红蜘蛛又称橘全爪螨、瘤皮红蜘蛛。主要为害柑橘类果树的叶片、嫩枝、幼果、花蕾，被害部位先褪绿后呈灰白色斑，叶片失去光泽，严重时造成落叶。

【形态特征】**成螨** 体长0.3～0.4毫米，足4对，体暗红色，椭圆形，背面有瘤状突起。**卵** 直径约0.13毫米，球形，红色。**幼螨及若螨** 体鲜红色至暗红色。

【发生规律】桂林一年发生21～22代，世代重叠。多以卵和成螨在枝条裂缝及叶背越冬。田间发生数量与环境因子的关系密切：①气候。春季气温偏高干旱少雨发生严重，秋季发生较重，夏季高温发生较轻。②营养。在柑橘树上的分布，随着枝梢抽发而顺序转移为害。③越冬基数。当1头/叶时春季发生重，0.5头/叶时发生轻。④天敌。天敌多发生轻，反之则重。⑤人为因素。化学农药使用不合理杀伤天敌，如喷布无机铜制剂及某些菊酯类农药后，可诱发虫口增殖。

【防治方法】①农业防治。合理的肥水管理，尤其在肥料的配置中，氮、磷、钾比例要适当，氮肥过多的情况下有利害螨发生。②生物防治。采取人工释放天敌或使某些生态条件有利天敌的繁殖生长，达到抑制害螨种群数量的措施。如食螨瓢虫，一头幼虫日食柑橘红蜘蛛为24头或卵243粒，一头成虫日食柑橘红蜘蛛28头或卵288粒；又如钝绥螨，从幼螨至成螨期可捕食害螨200 ~ 500头。经田间试验，释放尼氏钝绥螨的橘园，不再施农药，并可将柑橘红蜘蛛压低在1头/叶的无害水平。近年，福建有人从英国引进胡爪钝绥螨进行人工饲养获得成功，在一些橘园释放后，控制柑橘红蜘蛛的效果明显，但该技术在柑橘黄龙病区应用时要充分考虑柑橘木虱的防治问题。③化学防治。在采果后至柑橘萌芽前进行冬（或春）季清园，可用97%矿物油（希翠）乳剂150 ~ 200倍液或97%矿物油增效助剂（百农乐）250 ~ 300倍液+73%炔螨特（克螨特）乳油2 500 ~ 3 000倍液，喷雾1 ~ 2次；日均温在20℃以上，春、秋季有虫3头左右/叶、夏季5头左右/叶时，可用20%乙螨唑（螨超）干悬浮剂4 000 ~ 5 000倍液、20%阿维乙螨唑（天界）悬浮剂2 000 ~ 3 000倍液、20%甲氰乙螨唑（持螨）悬浮剂2 000 ~ 2 500倍液、50%联苯肼酯（数刹）干悬浮剂4 000 ~ 5 000倍液、24%螺螨酯悬浮剂3 000 ~ 4 000倍液、10%阿维菌素（红久）干粒剂2 000 ~ 2 500倍液、40%哒螨螺螨酯（除螨士）悬浮剂2 000 ~ 2 500倍液等药剂喷雾，如混用97%矿物油增效助剂（百农乐）300 ~ 350倍液则效果更佳。

柑橘红蜘蛛：春梢为害状

柑橘红蜘蛛：果实为害状

柑橘红蜘蛛：叶片为害状

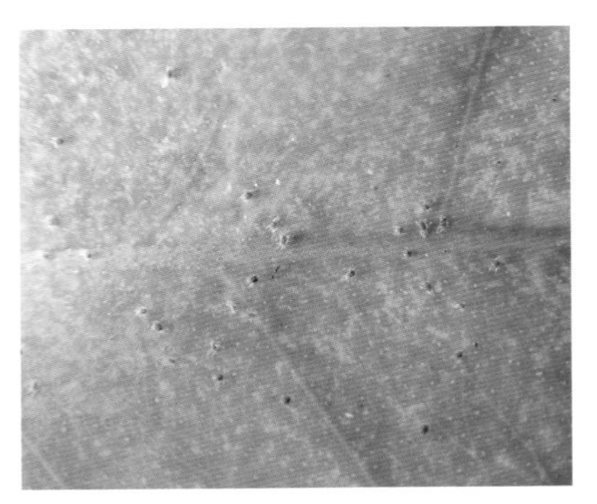

柑橘红蜘蛛：成虫

3. 柑橘始叶螨

柑橘始叶螨又称柑橘四斑黄蜘蛛、柑橘黄蜘蛛。寄主以芸香料植物为主，还可为害桃和葡萄等植物。为害叶片、花蕾、果及嫩枝，以春梢嫩叶受害最重。被害部位褪绿，形成黄色斑点或斑块，嫩叶受害处，往往凹陷畸形，凹陷处常有丝网覆盖，即产卵于网下。严重时出现落叶、落花、落果和嫩梢枯死等现象。

【形态特征】雌成螨 体长0.35～0.42毫米，近梨形，腹部末端宽钝。雄成螨 体长约0.3毫米，腹部末端稍尖，体黄色或橙色，足4对；体背有明显的黑褐色斑4个。卵 球形略扁，光滑，直径为0.12 ~ 0.14毫米，初卵时乳白色，透明，后转为橙黄色，近孵化时为灰白色。初孵幼螨 近圆形，淡黄色，体长约0.17毫米，足3对。若螨 体形与成螨相似，但较小。

【发生规律】以成螨、卵和老龄若螨越冬，但以成螨为主。当春梢抽发后，即向春梢上的新叶转移，秋后则向夏秋梢转移。3 ~ 4月虫口最多，6月以后因气温高，虫口下降，10月以后虫口数量往往回升。田间发生数量与气温关系最密切，该虫较耐低温，高温对其生长发育不利，其他因子的影响基本与柑橘红蜘蛛相同。

【防治方法】参考柑橘红蜘蛛防治方法。

4.侧多食跗线螨

侧多食跗线螨又称茶黄螨或热螨。寄主有茶、辣椒、茄子及柑橘类果树等64种植物。以幼螨和成螨为害幼芽、嫩叶、嫩枝及幼果。柑橘嫩叶受害后呈灰白至灰褐色，叶片增厚，硬脆，形似柳叶状；为害严重时可造成抽梢困难或丛生状，嫩梢表皮褐变。

【形态特征】雌成螨 椭圆形，长0.21毫米，宽0.12毫米；体黄色半透明，沿背中线有一白色条纹；足4对。雄成螨 淡黄色或橙黄色，半透明，体椭圆形，长0.19毫米，宽0.09毫米，足4对。卵 椭圆形，灰白色，长0.11毫米，宽0.08毫米，背有6排白色凸出刻点，底平滑。幼螨 初孵出时白色，近椭圆形，分3节，末端渐尖，刚毛1对，足3对。若螨 长0.24毫米，宽0.1毫米，半透明。

【发生规律】以雌成螨越冬。一般在5月下旬开始活动，6 ~ 8月高温季节为盛发期。卵多产于叶背、叶柄和芽缝内，附着牢固。田间短距离扩散主要依靠成螨爬行，风或其他飞行昆虫是远距离传播的媒介，还可随寄主（主要是苗木）的引进或输出而扩散。

【防治方法】参考柑橘红蜘蛛防治方法。

侧多食跗线螨为害柑橘：抽梢困难

侧多食跗线螨为害柑橘：新梢变褐

侧多食跗线螨为害柑橘：叶片卷曲

侧多食跗线螨为害柑橘：叶片缺刻状

5. 柑橘潜叶蛾

只为害柑橘类果树，以为害嫩叶为主，少数为害嫩梢和幼果。幼虫潜入嫩叶，蛀食叶肉，留下表皮，被害叶形成曲折迂回的隧道，卷曲硬化；严重时，叶片脱落，叶片受害后的伤口，易为柑橘溃疡病菌侵入。

【形态特征】成虫 体长约2毫米，翅展5.3毫米，体、头及前后翅均为银白色。卵 直径约0.3毫米，椭圆形，呈半球状突起，底平，半透明，外表光滑。幼虫 共4龄，末龄幼虫体长4～5毫米，呈黄绿色，扁平，长纺锤形，足退化。蛹 共分4级，体长2.8～3毫米，纺锤形，初为淡黄色，渐变黄褐色，外被黄褐色薄茧。

【发生规律】在桂林一年发生12代。以蛹在柑橘的冬梢上越冬，也有少数老龄幼虫越冬。成虫多在清晨羽化，卵散产于1～3厘米长柑橘嫩梢的嫩叶叶背中脉两侧，孵化出的幼虫潜入叶内为害。正常年份，在6月上旬至7月上旬、8月中旬至下旬和9月中旬至10中旬为幼虫为害的3个高峰期。春梢基本不受害，夏、秋梢遇到幼虫高峰期受害严重。

【防治方法】①农业防治。抹除零星抽发的夏梢和秋梢，使其统一集中抽放，切断该虫食源。在成虫产卵末期即卵量开始低落时，留放秋梢，可减轻秋梢受害。放梢前半个月，应加强肥水管理，使抽梢整齐，缩短为害期。②药剂防治。幼虫孵化初盛期是防治适期；幼树在夏梢抽发1～2厘米时开始防治潜叶蛾，15～20天后再防治一次；有效药剂有：25%呋虫胺油悬浮剂2 500～3 000倍液、25%噻虫嗪干悬浮剂1 500～2 000倍液、25%吡蚜酮悬浮剂1 500～2 000倍液、10亿PIB/毫升多角体病毒（康保）悬浮剂700～1 000倍液、2.5%氟氯氰菊酯1 500～2 000倍液等；结果树则抹除夏梢。③保护和利用天敌。主要有寄生蜂和草蛉等，应做好天敌的保护和利用工作。

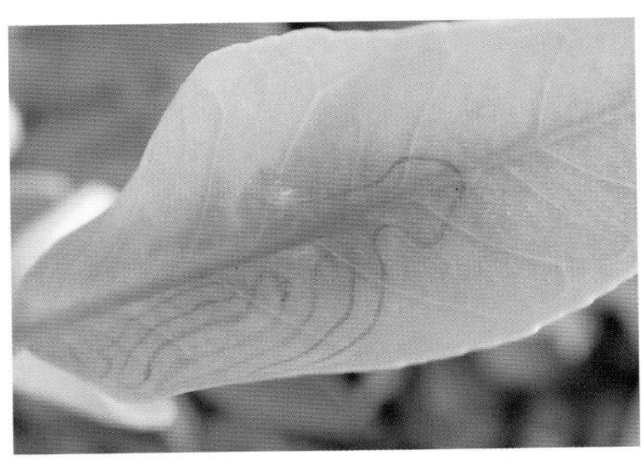

柑橘潜叶蛾：受害叶片孔道

柑橘潜叶蛾：为害新梢状

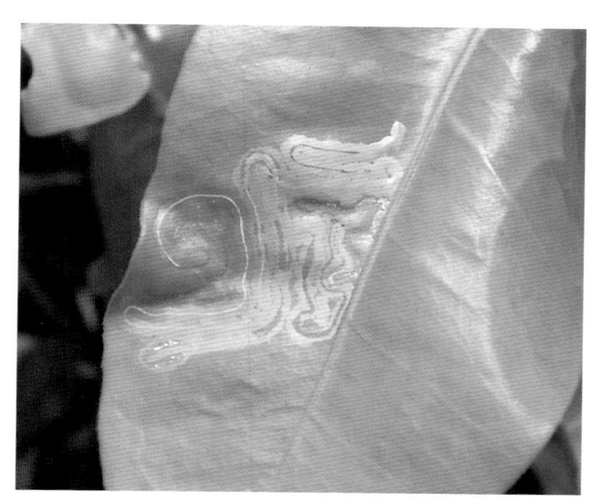

柑橘潜叶蛾：叶片中幼虫

6.橘蚜

橘蚜除为害柑橘类果树外，还可为害梨、桃、柿等果树。以若、成虫群集在嫩梢的嫩叶和嫩茎上，吸吮汁液，嫩叶受害后呈凹凸不平皱缩、卷曲，严重时引起落花、落果，新梢枯死，其分泌的蜜露能诱发煤烟病，导致树势衰弱。橘蚜还是田间传播柑橘衰退病的媒介昆虫。

【形态特征】无翅胎生雌蚜 体长1.3毫米，全身绿黑色，触角灰褐色，复眼红黑色。有翅胎生雌蚜 形似无翅胎生雌蚜。卵 黑色，有光泽，椭圆形，长约0.6毫米，初产时淡黄色。若虫 与成虫相似，体较小，有翅蚜若虫的翅芽在第三龄和第四龄已明显可见。

【发生规律】在广西，一年发生世代因地区不同而不同，可达10～20多代；其越冬虫态也因地区有差异，在桂林或高海拔气温低的橘区以卵在柑橘枝干上越冬，而桂南高温橘区，冬季仍可见幼蚜和成虫活动，雌成虫亦可进行孤雌生殖，无明显越冬现象；越冬卵到翌年春，孵化为无翅胎生若虫，在新梢、嫩叶、花蕾、花及幼果上为害，生长发育成熟后胎生繁殖后代；当叶片老化、虫口拥挤及气温升高等不良条件下，产生大量有翅胎生雌蚜，迁飞到其他橘树等寄主上为害；到了冬季，产生有性雄蚜和有性雌蚜，并进行交尾，卵多产在细枝上并以此卵越冬；生长发育最适温度为24 ～ 27℃，故春梢、秋梢和早冬梢上发生最多，受害最重。

【防治方法】①保护利用瓢虫、草蛉、食蚜蝇等自然天敌。②药剂防治。当发现有25%～30%的新梢上有蚜虫时，可用10%吡虫啉（蚜虱净）可湿性粉剂1 500 ～ 2 000倍液，或25%噻虫嗪（冲浪）干悬浮剂1 500 ～ 2 000倍液、25%吡蚜酮悬浮剂1 500 ～ 2 000倍液、2.5%氟氯氰菊酯（志信工夫）1 500 ～ 2 000倍液等药剂。或用植物性农药（鱼藤精、烟碱等）对新梢进行喷雾。

橘蚜群集为害状

橘蚜为害叶片致卷曲

橘蚜为害状

喷药后橘蚜死亡状

7.绣线橘蚜

绣线橘蚜也称为绿色橘蚜、卷叶蚜，除为害柑橘外，还可为害梨、山楂、枇杷、罗汉果等果树。以若、成虫群集在嫩梢的嫩叶和嫩茎上，吸吮汁液，嫩叶受害后凹凸不平皱缩、卷曲，严重时嫩芽不能伸长，并分泌蜜露诱发煤烟病，导致树势衰弱。也是田间传播柑橘衰退病的媒介昆虫。

【形态特征】该虫分有翅型和无翅型两种。**无翅胎生雌蚜** 卵圆形，体长1.7 ~ 1.8毫米，全身绿色或黄绿色，头部淡黑色。**有翅胎生雌蚜** 长卵形，体长1.7毫米，头胸部黑色，腹部黄色或黄绿色。**卵** 黑色，椭圆形，初产时淡黄色。**若蚜** 体鲜黄色，似无翅孤翅蚜。

【发生规律】在广州一年发生30多代，几乎全年进行孤雌生殖且喜欢群集在叶背为害；如食物丰富，一年有多个发生高峰期，以4 ~ 5月春梢为害最重；嫩梢在10厘米以下时适合其为害，当嫩梢伸长老熟、长度超过15厘米后，或群体过于拥挤时，就会产生大量的有翅孤雌蚜，迁飞到附近有嫩梢的植株或其他寄主植物上继续取食为害。在温度较低的地区，秋后产生两性蚜，于雪柳等树上产卵越冬，少数也能在柑橘树上产卵越冬；气候干旱时虫情会加重。

【防治方法】参考橘蚜防治方法。

绣线橘蚜为害状

绣线橘蚜为害状

绣线橘蚜为害状（卷叶）

8. 矢尖蚧

矢尖蚧寄主植物种类很多，在广西为害果树有柑橘、龙眼、黄皮等。为害寄主植物的叶片、枝干、果。发生多时，叶片卷缩发黄，干枯凋落，树势衰退；果实受害部位周围不能褪绿转黄成熟。

【形态特征】雄介壳 粉白色，长形，背面有3条纵背，长1.3 ~ 1.6毫米。雌介壳 箭头形，黄褐色至深褐色，介壳中央有明显的纵背，两侧有许多向前斜伸的横纹，体长约为宽的2倍以上。雄成虫 细长，长约0.5毫米，橙黄色，翅1对，翅展1.7毫米。雌成虫 体长形，长约2.5毫米，橘橙色，长约为宽的2.2倍。卵 椭圆形，橙黄色，表面光滑，长约0.2毫米。若虫 椭圆形，淡黄色，足3对。雄蛹 椭圆形，橙黄色，长约0.95毫米。

【发生规律】桂林一年发生3代。以受精的雌成虫越冬。卵产在母体下，孵化的一龄若虫经2 ~ 3小时活动，找到适宜处即固定取食为害。各代若虫盛发期：第一代5月上中旬，第二代7月上中旬，第三代9月上中旬。田间发生轻重与越冬基数、果园生态条件(荫蔽果园发生较重)、气候及天敌等因素有关。

【防治方法】①植物检疫。有介壳虫寄生的苗木要进行除虫，防止传播。②农业防治。适当合理修剪，剪除虫枝，集中烧毁。同时通过修剪可以改善橘园通风透光的环境条件，不利介壳虫的生长。③保护利用天敌。介壳虫的天敌种类很多，如捕食吹绵蚧的天敌大红瓢虫、澳洲瓢虫等和寄生在盾蚧类的金黄蚜小蜂等。单用有机磷农药对天敌杀伤大，而且随着介壳虫虫龄的增大而效果不甚理想，而使用矿物油和松脂合剂，既能保护生态平衡，又可达到无公害防治要求。④药剂防治。掌握在一龄幼蚧盛期喷药；介壳虫第一代初龄若虫盛期在5月上中旬前后，隔10天后再喷一次，或在二龄高峰期喷药。在冬春一般使用松脂合剂10 ~ 15倍液、97%矿物油乳剂（希翠）150 ~ 200倍液清园；在生长季，可用97%矿物油增效助剂（百农乐)250 ~ 300倍液+25%呋虫胺（显明）油悬浮剂2 500 ～ 3 000倍液，或25%噻虫嗪（冲浪）干悬浮剂2 500 ～ 3 000倍液、22.4%螺虫乙酯悬浮剂4 000 ～ 5 000倍液等喷雾，效果良好。

果实上矢尖蚧雄成虫和雌成虫（唐明丽）

矢尖蚧为害状（唐明丽）

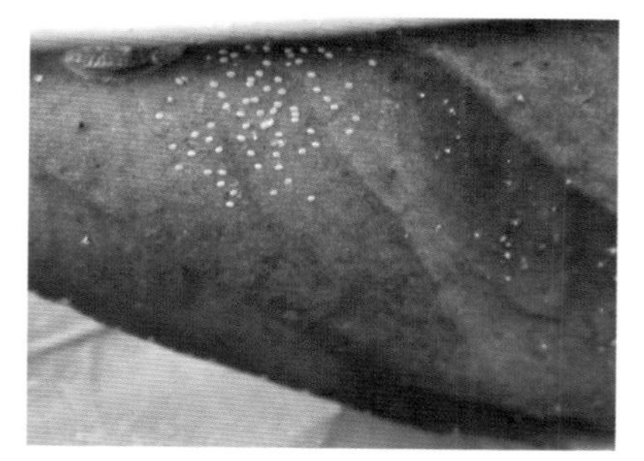

叶背矢尖蚧雌成虫和若虫（唐明丽）

叶背矢尖蚧雄成虫和雌成虫（唐明丽）

叶面矢尖蚧雌成虫（唐明丽）

叶面矢尖蚧雌成虫和若虫（唐明丽）

9. 褐圆蚧

褐圆蚧除为害除柑橘类果树外，还可为害多种林木及观赏植物。在柑橘上，以若虫和雌成虫吸食叶片、嫩枝、果实和汁液，被害处出现淡黄色斑点，常造成落叶，影响树势。

【形态特征】雌介壳 圆形，直径约2毫米，壳点在中央，紫褐色。雄介壳略小。雌成虫 体长1毫米，淡黄色，倒卵形。雄成虫 体长0.75毫米，淡橙黄色，足、触角、交尾器及胸部背面褐色，前翅1对，半透明。卵 长卵形，橙黄色，长约0.2毫米。幼蚧 卵形，口器发达，极长，伸过腹部末端，体淡黄色。

【发生规律】在广东一年发生5 ～ 6代，福建4代，在广西一年发生4 ～ 5代。各代第一龄若生发生期：第一代5月中旬，第二代7月中旬，第三代9月下旬，第四代10月下旬至11月中旬。以受精雌成虫越冬，卵产于介壳下。当卵孵化为若虫后，即出壳活动，待觅得合适的位置就固定下来，并吸食汁液。雌若虫经2次蜕皮后变成雌成虫。雄若虫蜕皮2次为蛹，羽化后为雄成虫。每雌产卵80 ～ 100粒不等。以夏、秋季发生为害严重。

【防治方法】参考矢尖蚧防治方法。

褐圆蚧：甜橙果实为害状

10. 堆蜡粉蚧

堆蜡粉蚧可为害柑橘、梨、桃、李、枣、柿、石榴、栗等果树。

【形态特征】雌成虫 体椭圆形，长约2.5毫米，灰紫色，体背被覆蜡粉甚厚，体周缘蜡丝较为粗短，末对蜡丝粗而略长。产卵期分泌的卵囊状似若棉团、白色、略带黄色。雄成虫 体长约1毫米，紫酱色，前翅1对，半透明，腹末有白色蜡质长尾刺1对。卵 椭圆形，长约0.3毫米，淡黄色，藏于卵囊中。若虫 紫色，形似雌成虫，初孵若虫无蜡质粉堆，待固定取食后，体背和周缘分泌白粉状蜡质物渐增多。雄蛹 形似雄成虫，但触角、足和翅均未伸展。

【发生规律】在我国南方一年发生5～6代，以若虫和成虫在树干、枝条裂缝和卷叶、蚂蚁巢内等处越冬。翌年2月开始活动，主要为害春梢枝条。第一、二代若虫发生盛期较整齐，分别在4月上旬和5月中旬，第三代后出现重叠现象。一年中以4、5月及10、11月虫口密度最大，为害最重。若虫和雌成虫常群聚于嫩梢、果柄和果蒂上为害，叶柄和小枝上也不少。嫩梢受害后，枝叶扭曲，新梢停止生长，甚至枯死。果实受害后呈畸形肿块，容易脱落，诱发煤烟病。一般情况下，雄虫发生数量极少，基本行孤雌生殖。雌虫产卵于卵囊中，卵200～500粒。若虫孵出后经3次蜕皮成雌成虫；雄虫则经4次蜕皮化蛹。

【防治方法】参考矢尖蚧防治方法。

堆蜡粉蚧成虫和若虫（唐明丽）

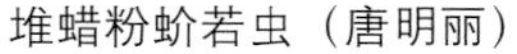
堆蜡粉蚧若虫（唐明丽）

堆蜡粉蚧为害状（唐明丽）

11.吹绵蚧

吹棉蚧食性较杂，除为害柑橘类果树外，还为害苹果、梨、柿、葡萄等果树。

【形态特征】雌成虫 体椭圆形，长5 ~ 7毫米，橘红色，无翅，体背被覆一层白色蜡粉，卵囊附于腹部后面呈白色，有脊状隆起线14 ~ 16条。雄成虫 体长3毫米，橘红色，前翅发达，紫黑色。卵 长椭圆形，长约0.6毫米，初为橙黄色，后变为橘红色，若虫 初孵体毛发达，取食后，体背分泌出淡黄色蜡粉。雄蛹 长椭圆形，体长3.5毫米，橘红色。

【发生规律】在我国南方一年发生3 ~ 4代，主要以老熟若虫和成虫越冬。主要为害柑橘叶片、芽、嫩枝。第一代若虫发生期在4月上旬至6月，第二代若虫期7月中旬至8月下旬，第三代若虫期9 ~ 11月。大龄若虫和成虫喜群聚为害，造成叶色变黄，枝梢枯萎，并诱发煤烟病。

【防治方法】参考矢尖蚧防治方法。

吹绵蚧雌成虫（唐明丽）

吹绵蚧雌成虫及其卵囊（唐明丽）

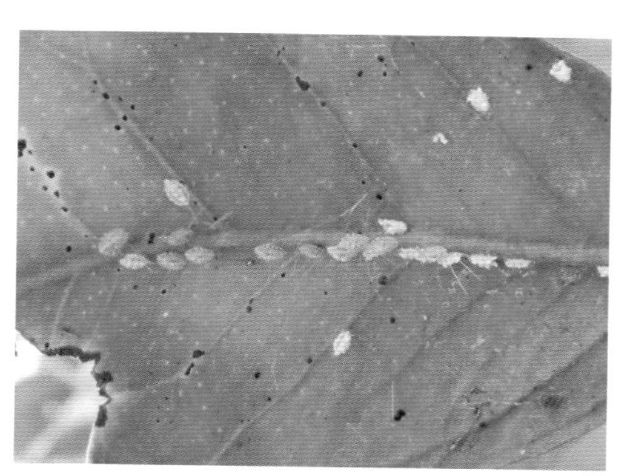

吹绵蚧雌虫幼蚧（唐明丽）

瓢虫成虫捕食吹绵蚧（唐明丽）

瓢虫幼虫捕食吹绵蚧（唐明丽）

12. 糠片蚧

糠片蚧食性很杂，除为害柑橘类果树外，还为害苹果、梨、柿及多种阔叶树种林木。

【形态特征】雌成虫 体近圆形，长约0.8毫米，紫红色，介壳长圆形，直径1.5 ~ 2毫米，灰褐色，中部隆起。雄成虫 淡紫色，有触角和翅各1对，足3对，介壳细长，灰白色，长约1.2毫米，腹末有针状交尾器。卵 淡紫色，椭圆形，长约0.3毫米。若虫 初孵时淡紫色，体扁平，长约0.2毫米，有足3对，触角1对。固定后触角和足均萎缩。蛹 紫色，略呈长方形，长约0.55毫米，腹末有尾毛1对。

【发生规律】在我国南方一年发生3 ~ 4代，世代重叠，主要以雌成虫和介壳下的卵在枝条上越冬。为害柑橘叶片、枝条、枝干和果实等部位。第一代若虫发生盛期在4月下旬至5月上旬，第二代若虫期6月下旬至7月上旬，第三代若虫期8月中旬至9月上旬。第一代主要为害枝叶，以叶背居多，第二代以后大量上果为害。该虫喜寄生在较为荫蔽的地方，尤其在有蜘蛛网或植株内膛、下部有尘土积集的枝梢上更多，果实上多寄生于细胞凹陷处或果蒂附近，叶片上则多在中脉两侧。

【防治方法】参考矢尖蚧防治方法。

糠片蚧为害状

13. 黑点蚧

黑点蚧主要为害柑橘类果树，还可为害枣、椰子等植物。

【形态特征】雌成虫 倒卵形，淡紫色，介壳黑色，近长方形，长约1.8毫米，有背脊，介壳后缘有灰褐色的蜡质物，周缘有灰白色的边。雄成虫 淡紫红色，眼黑色，较大，有翅1对，翅脉2条，介壳狭小，长约1毫米，灰白色。卵 长椭圆形，淡橙黄色。若虫 初孵时近圆形，淡橙黄色，固定后颜色加深，并分泌出白色的棉絮状蜡质。蛹 淡红色，腹部略带紫色，末端有交尾器。

【发生规律】在我国南方一年发生3～4代，世代重叠，以雌成虫和介壳下的卵进行越冬。主要为害柑橘叶片和果实。在福建福州第一代若虫发生盛期在4月下旬，第二代若虫发生盛期7月中旬，第三代若虫发生盛期9月上旬。第一代主要为害春梢叶片，第二代主要为害果实，第三代转移到夏秋梢上为害。该虫喜寄生在荫蔽的地方或生长衰弱的树上为害。

【防治方法】参考矢尖蚧防治方法。

黑点蚧成虫及为害状（唐明丽）

14. 龟蜡蚧

龟蜡蚧也称为龟甲介壳虫、白蜡介壳虫。在我国分布广泛，可为害100多种植物，其中大部分属果树，如柑橘、柿、枣、梨、桃、芒果、枇杷、苹果等。以若虫和成虫固定在枝叶上刺吸汁液，导致落叶、落果，重者枝条枯死；其排泄物还可诱发煤烟病的发生，影响植株光合作用，导致树势衰弱。

【形态特征】雌成虫 体背有较厚的白蜡壳，呈椭圆形，长3～4毫米，背面隆起似半球形，中央隆起较高，表面具龟甲状凹纹，边缘蜡层厚且弯卷由8块组成。雄成虫 体长1～1.4毫米，淡红至紫红色，眼黑色，触角丝状，翅1对白色透明。卵 椭圆形，长0.2～0.3毫米，初淡橙黄后紫红色。若虫 初孵体长0.4毫米，椭圆形扁平，灰白色，固定1天后开始泌蜡丝，7～10天形成蜡壳。雄蛹 梭形，长1.0毫米，紫褐色。

【发生规律】该虫在广西一年发生1代，以受精雌成虫越冬，翌年5月开始产卵，7月孵化，初孵若虫多爬到嫩枝、叶柄、叶面上固着取食；9月雄成虫羽化，多停息在叶上，雄成虫寿命1～5天，交配后即死亡；雌虫陆续由叶转到枝上固着为害，至秋后越冬。可行孤雌生殖，子代均为雄性。

【防治方法】参考矢尖蚧防治方法。

龟蜡蚧成虫及为害状（唐明丽）

15. 红蜡蚧

红蜡蚧在我国华南、西南、华中、华东、华北及北方温室等均有发生，寄主较广，包括柑橘、桃、李、梨、苹果、柿等多种果树。以成虫和若虫密集寄生在植物枝干上和叶片上，吮吸汁液为害，并能诱发煤污病至全株发黑，导致植株长势衰退，树冠萎缩，为害严重时则造成植物整株枯死。

【形态特征】雌成虫 椭圆形，背面有较厚暗红色至紫红色的蜡壳覆盖，蜡壳顶端凹陷呈脐状，有4条白色蜡带从腹面卷向背面；虫体紫红色，触角6节。雄成虫 体暗红色，前翅1对，白色半透明。卵 椭圆形，淡红至淡红褐色。若虫 初孵时扁平椭圆形，二龄若虫体稍突起，暗红色，体表被白色蜡质，三龄若虫蜡质增厚。

【发生规律】一年发生1代，以受精雌成虫在植物枝干上越冬；卵孵化盛期在6月中旬，初孵若虫多在晴天中午爬离母体，如遇阴雨天会在母体介壳爬行半小时左右，后陆续固着在枝叶上为害；雌虫多在植物枝干上和叶柄上为害，雄虫多在叶柄和叶片上为害。

【防治方法】参考矢尖蚧防治方法。

红蜡蚧成虫及为害状

16.黑刺粉虱

黑刺粉虱除为害柑橘类果树外，还可为害柿、梨、茶、葡萄、枇杷、苹果等多种植物。以幼虫群集在寄主的叶片背面，吮吸汁液，被害处形成黄斑，并分泌蜜露，诱发煤烟病，致枝叶发黑、落叶，树势衰弱。

【形态特征】成虫 雌成虫体长0.96 ~ 1.3毫米，头胸部褐色，腹部橙黄色，覆有薄的白粉；雄成虫体较小。卵 长椭圆形，弯曲，长约0.25毫米，初产乳白色，后渐变为黄色，有一短柄直立，附着叶面。幼虫 体被刺毛，黑色有光泽，在体躯周围分泌一圈白色蜡质物，三龄幼虫体长0.64 ~ 0.75毫米。蛹壳 黑色有光泽，周围有一圈白色蜡质分泌物，边缘锯齿状，壳背显著隆起。

【发生规律】在广西一年发生4 ~ 5代。以若虫在叶背上越冬，翌年3月开始化蛹，4月大量羽化为成虫，立即交尾，产卵于叶背居多，散生或密集呈圆弧形。幼虫一生蜕皮3次。二至三龄幼虫固定在叶背面为害，严重时布满整张叶片背面，排泄增多，诱发煤烟病。种植过密、施肥不当（尤其偏施氮肥）、植株荫蔽、果园通风透光不良等生态环境均有利该虫的生长发育及繁殖。

黑刺粉虱若虫及为害状

【防治方法】①农业措施。种植密度适当，剪除病虫枝、弱枝、交叉枝，改善果园的通风透光条件；合理施肥，忌偏施氮肥。②药剂防治。在各代一、二龄幼虫盛发期用药，尤其抓好第一代幼虫盛发期用药，是防治黑刺粉虱及其他粉虱的关键时期。冬季清园用10 ～ 15倍液松脂合剂或97%矿物油乳剂（希翠）150 ～ 200倍液喷雾1 ～ 2次。生长季节可选用97%矿物油增效助剂（百农乐）250 ～ 300倍液混用10%吡虫啉（蚜虱净）可湿性粉剂1 500 ～ 2 000倍液或2.5%联苯菊酯乳油1 500 ～ 2 000倍液、2.5%氟氯氰菊酯（志信工夫）乳油1 500 ～ 2 000倍液等药剂喷雾。③注意保护和利用天敌。粉虱的天敌有寄生蜂、瓢虫、草蛉和寄生菌等。其中刺粉虱黑蜂、刀角瓢虫和粉虱座壳孢等较为普遍。

17. 柑橘粉虱

柑橘粉虱除为害柑橘类果树外，还可为害柿、女贞和丁香等多种植物。以幼虫群集在寄生植物叶片背面吸吮汁液。主要为害柑橘的春梢和夏梢，诱发煤烟病。

【形态特征】成虫 雌成虫体长1.2毫米，黄色，被有白色的蜡粉，翅半透明，并敷有白色蜡粉；雄成虫体长0.96毫米。卵 淡黄色，椭圆形，长0.2毫米，宽0.09毫米，卵壳平滑，以卵柄着生在叶上。幼虫 初孵幼虫为淡黄色，老熟幼虫为黄褐色，体扁平椭圆形，周缘有小突起17对。蛹壳 近椭圆形，长1.35毫米，宽1.4毫米，黄绿色，羽化后为白色。

【发生规律】在广西一年发生3 ～ 4代，以幼虫及蛹越冬。在桂林第一代成虫发生在4月，第二代在6月，第三代在8月。雌成虫产卵于叶片背面，每雌产卵100粒左右；除两性生殖外，也可营孤雌生殖，其所生的后代均为雄虫。

【防治方法】见黑刺粉虱的防治方法。

柑橘粉虱成虫

柑橘粉虱成虫及卵

粉虱座壳孢菌寄生柑橘粉虱状

粉虱座壳孢菌寄生柑橘粉虱状

18. 灰象甲

灰象甲又名柑橘大灰象虫、柑橘灰鳞象虫。国内主要分布于华南地区，广西各地都有发生，是较常见的柑橘害虫之一。以成虫取食柑橘新梢嫩叶，被害叶片残缺不全，也可啃食幼果，严重时将幼果食光仅留果蒂。

【形态特征】成虫 雌成虫体长9.5 ～ 12.5毫米，雄虫体长8 ～ 10.5毫米，全体淡褐色或灰白色，头管粗短，背面黑色，雌成虫鞘翅末端尖削，合成近V形，而雄成虫两鞘翅钝圆，合成近U形。卵 长1.1 ～ 1.4毫米，长桶形而扁，乳白色，孵化前紫灰色；幼虫 老熟幼虫体长11 ～ 13毫米，乳白色或淡黄色，头部黄褐色。蛹 体长7.5 ～ 12毫米，淡黄色。

【发生规律】该虫在广西桂北一年发生1代，以成虫和幼虫在土中越冬；翌年3月下旬到4月上旬，越冬成虫陆续出土并上梢为害，先为害嫩梢幼叶后为害幼果，5月上旬开始产卵，产卵期可长达3 ～ 4个月；卵一般产于两叶片之间近叶缘处、块状，并分泌黏液将两叶片粘合；卵孵化后幼虫入土，在10 ～ 50厘米的土层中取食植物根部和腐殖质；成虫常群集为害，有假死性，寿命可达5 ～ 6个月。

【防治方法】①冬季结合施肥，将树盘土层深翻15厘米，破坏土室，杀灭部分越冬虫源。②3 ～ 4月成虫出土时，在地面喷洒50%辛硫磷乳油300 ～ 400倍液，使土表爬行的成虫中毒死亡。③人工捕杀。利用成虫的假死习性，在树冠下铺好塑料布，摇动树枝使其掉落，然后集中消灭。④化学防治。在春梢抽发期成虫上树

灰象甲成虫

为害时，用10%氯氰菊酯（绿百事）乳油1 500 ~ 2 000倍液、2.5%溴氰菊酯乳油1 500 ~ 2 000倍液、2.5%氟氯氰菊酯（志信工夫）1 500 ~ 2 000倍液等药剂喷施防治。

灰象甲交尾状

灰象甲交尾状

灰象甲田间为害状

19.恶性叶甲

恶性叶甲又名黑叶跳虫、油虫，其幼虫又名乌涂虫、黄滑虫。主要分布在我国浙江、湖南、四川、贵州、江西、福建、广东、广西等省份。成虫取食柑橘嫩叶、嫩茎、花和幼果；幼虫取食柑橘嫩芽、嫩叶和嫩梢，分泌物和粪便污染致幼叶枯焦脱落；除叶片外，成虫还将幼果咬成孔洞，轻者果实造成伤痕，重者引起幼果大量脱落，影响产量和品质。

【形态特征】该虫为小型甲虫，成虫 长椭圆形，头、胸和鞘翅均为蓝黑色，具金属光泽；前胸背板密布小刻点，鞘翅上有纵刻点列10行；腹部腹面黄褐色；足黄褐色，后足腿节膨大；口器黄褐色，触角基部至复眼后缘具1倒"八"字形沟纹，触角丝状黄褐色。卵 长椭圆形，乳白至黄白色，常两粒并排产在一起。幼虫 头黑色，体草黄色，胸足黑色，前胸盾半月形，体背分泌黏液把粪便粘附在背上。蛹 椭圆形，初黄白后橙黄色，腹末具1对叉状突起。

【发生规律】该虫在各地发生世代不同，广东一年发生6 ~ 7代，广西4 ~ 5代，江西和福建3 ~ 4代，浙江、湖南、四川和贵州3代。均以成虫在树皮缝、地衣、苔藓下及卷叶和松土中越冬；越冬成虫一般在春梢抽发期（3月中下旬）开始活动，3月下旬到4月上旬开始产卵，4月上中旬卵孵化，4月下旬至5月上旬为幼虫为害高峰期；全年以第一代幼虫为害春梢最重，后各代发生甚少，夏、秋梢受害不重。成虫能飞善跳，有假死性，卵产在叶上，以叶尖（正面、背面）和背面叶缘较多；初孵幼虫取食嫩叶叶肉残留表皮，幼虫共3龄，老熟后爬到皮缝中、苔藓下及土中化蛹；均以末代成虫越冬。

【防治方法】①冬季清园。采果后要及时清除树皮上的苔藓、地衣等，用土堵住树洞，消除越冬和化蛹场所，同时用97%矿物油（希翠）150 ~ 200倍液喷雾清园。②诱杀幼虫。利用老熟幼虫沿树干下爬入土化蛹的习性，在其幼虫化蛹前在树干上捆扎带

泥稻草绳诱其幼虫入内化蛹，在羽化前解下稻草绳烧毁。③捕杀成虫。利用成虫的假死习性，在成虫盛发期于柑橘树下铺上塑料薄膜等，再猛摇动树干使成虫假死掉在薄膜上收集烧毁。④化学防治。在现蕾露白到初花期即该虫卵盛孵期，用下列农药喷雾防治：10%氯氰菊酯（绿百事）乳油1 500 ~ 2 000倍液、2.5%氟氯氰菊酯（志信工夫）乳油1 500 ~ 2 000倍液；20%甲氰菊酯乳油1 500 ~ 2 000倍液、20%氰戊菊酯乳油1 000 ~ 1 500倍液等均有良好效果，隔10 ~ 15天1次，连喷2次。

柑橘恶性叶甲成虫（唐明丽）

柑橘恶性叶甲低龄幼虫（唐明丽）

柑橘恶性叶甲高龄幼虫（唐明丽）

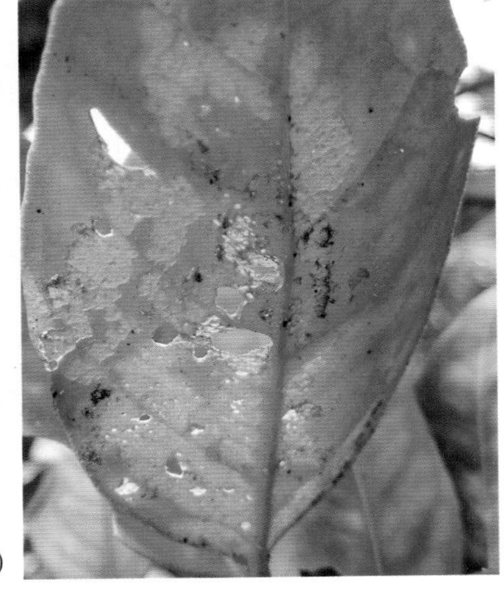

柑橘恶性叶甲为害状（唐明丽）

20. 潜叶甲

潜叶甲又名橘潜叶斧、橘潜叶虫、红色叶跳虫等。主要分布在我国江苏、浙江、湖北、湖南、四川、贵州、江西、福建、广东、广西等省份。仅为害柑橘类果树。成虫取食嫩芽、幼叶，将叶片吃成许多孔洞；幼虫则在叶内潜食叶肉，造成大量隧道，被害叶片不久即黄萎脱落，严重时全株嫩叶受害脱落。一般甜橙受害最重，柚类、红橘次之。

【形态特征】为小型甲虫。成虫 椭圆形，背面中央隆起，体长3 ~ 3.7毫米，翅鞘及腹部均为橘黄色，前胸背板遍布小刻点，翅鞘上有纵列刻点11行，头、前胸背板、足及触角为黑色。卵 椭圆形，长0.68 ~ 0.86毫米，黄色，表面有六角形或多角形网状纹。幼虫 老熟幼虫体长4.7 ~ 7.0毫米，全体深黄色。前胸背板硬化，各腹节前狭后宽，几成梯形。蛹 淡黄至深黄色，体长3.0 ~ 3.1毫米，全体有刚毛多对，腹部端具臀叉，其端部黄褐色。

【发生规律】在华南一年发生2代，浙江为1代。以成虫在土中或树皮下越冬。在浙江黄岩，3月下旬至4月上旬开始活动，4月上中旬产卵，4月上旬至5月中旬为幼虫为害期，5月上、中旬化蛹，5月中下旬成虫羽化，6月上旬开始蛰伏。成虫群居，喜跳跃，有假死习性，卵产于嫩叶叶背或叶缘上；幼虫孵化后，即钻孔入叶为害，新鲜的虫道中央有幼虫排泄物所形成的黑线一条；幼虫老熟后多随叶片落下，咬孔外出，在树干周围松土中作蛹室化蛹，入土深度一般3厘米左右；蛹经一周左右即可羽化，成虫活动很短时间后即可入土潜伏越夏及越冬。

柑橘潜叶甲成虫（唐明丽）

【防治方法】参考柑橘恶性叶甲防治方法。

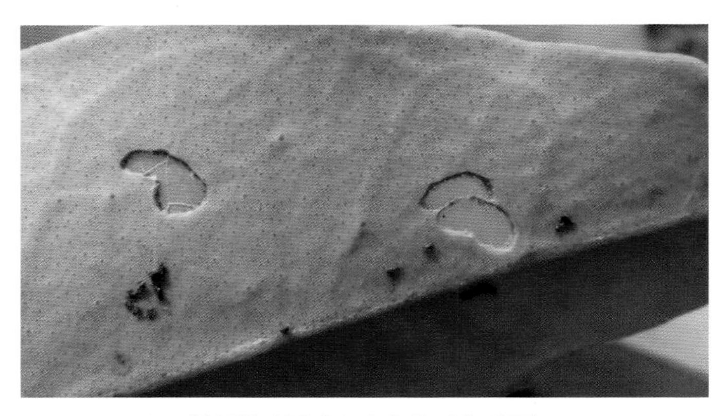

柑橘潜叶甲成虫为害状（唐明丽）

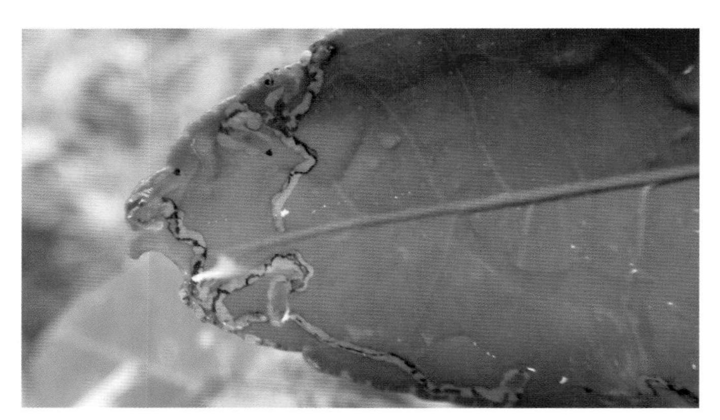

柑橘潜叶甲幼虫及为害状（唐明丽）

21. 同型巴蜗牛

同型巴蜗牛又名小螺丝、触角螺，属软体动物，是常见为害农作物的陆生软体动物之一，我国各地均有发生，常与灰巴蜗牛混杂发生。以成螺和幼螺取食柑橘嫩梢、嫩叶和幼果果皮，造成不规则凹陷状。

【形态特征】成螺 黄褐色、中等大小，壳质厚，坚实，呈扁球形，有稠密而细致的生长线；壳高12毫米、宽16毫米，有5～6

个螺层，顶部几个螺层增长缓慢，略膨胀，螺旋部低矮，体螺层增长迅速、膨大；壳顶钝，缝合线深；壳口呈马蹄形，口缘锋利，轴缘外折，遮盖部分脐孔；脐孔小而深，呈洞穴状；个体之间形态变异较大。卵 圆球形，直径2毫米，乳白色有光泽，渐变淡黄色，近孵化时为土黄色。

【发生规律】常生活于阴暗潮湿、多腐殖质的环境，适应性极广；一年繁殖1代，多在4 ~ 5月间产卵，大多产在根际疏松湿润的土中、缝隙中、枯叶或石块下；每个成体可产卵30 ~ 235粒；成螺大多蛰伏在作物秸秆堆下面或冬作物的土中越冬，幼体也可在冬作物根部土中越冬。

【防治方法】①及时清除柑橘园杂草，及时中耕，排除积水。②清晨或阴雨天人工捕捉，集中杀灭，或在蜗牛发生期放鸡鸭啄食。③每亩用茶籽饼粉3千克撒施或用茶籽饼粉1 ~ 1.5千克加水100千克，浸泡24小时后，取其滤液喷雾。④药剂防治。在蜗牛大量出现又未交配产卵的4月上中旬和大量上树前的5月中下旬进行，每亩可用6%四聚乙醛颗粒剂465 ~ 665克或10%多聚乙醛颗粒剂1 000克，伴土10 ~ 15千克，晴天在树盘撒施即可。

蜗牛及为害状

（二）花及幼果期害虫

1.柑橘花蕾蛆

柑橘花蕾蛆又称柑橘瘿蚊等，是柑橘类果树重要的花期害虫。成虫产卵于花蕾中，孵化之后幼虫在花蕾内蛀食生长发育，被害花蕾畸形，膨大，状如灯笼。

【形态特征】成虫 形似小蚊，全体灰黄褐色，并密生细绒毛，翅膜质透明，淡紫红色，上生细毛，缘毛细小浓密。雌虫体长约2毫米，雄虫体长1.2 ~ 1.5毫米。卵 无色透明，长椭圆形，长约0.16毫米，外色一层很薄的蜡质，末端的胶质延长成细丝。幼虫 蛆形，分为3龄，三龄期幼虫体长2.5 ~ 3毫米，长纺锤形，黄白色。蛹 长1.6 ~ 1.8毫米，纺锤形，初为乳白色，渐变为黄褐色，近羽化时复眼和翅芽变为黑色。

【发生规律】在广西一年发生1代，少数地区发生2代。以老熟幼虫在树冠下表土层中越夏和越冬，翌年3月下旬化蛹，4月上旬成虫羽化产卵，4月中下旬为幼虫孵化和为害盛期；成虫产卵在开始现白、直径2 ~ 3毫米、顶端结构不够紧密或有明显裂缝或小孔的花蕾内，露出柱头的畸形花不产卵，产卵期15天；成虫羽化出土期间遇雨时，土湿、土松有利羽化出土；老熟幼虫遇雨时也有利入土。

花蕾蛆：冰糖橙花蕾为害状

【防治方法】①冬季深翻园土，有利消灭越冬幼虫。②药剂防治。一是成虫羽化即将出土之际（花蕾现白初期），用40％辛硫磷乳油400 ~ 600倍液喷洒地面消灭土中幼虫和蛹。二是在多数花蕾现白时，用80％敌敌畏乳油800 ~ 1 000

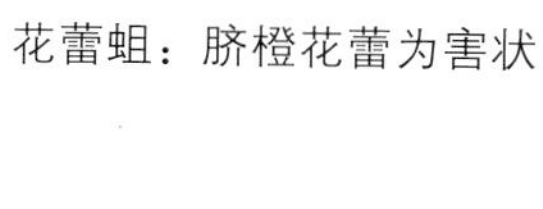

花蕾蛆：脐橙花蕾为害状

受害花蕾中花蕾蛆的幼虫

花蕾蛆：沙糖橘花蕾为害状

倍液，或10%吡虫啉可湿性粉剂1 500 ～ 2 000倍液等药剂进行树冠喷雾，杀死成虫，连续2次，相隔8 ～ 10天。

2. 蓟马

蓟马属缨翅目蓟马科昆虫，除塔六点蓟马等少数几种食螨蓟马属益虫外，其余为植食性昆虫，且多为杂食性害虫，尤其是茄科、茶、瓜果和水稻等作物受害严重。为害柑橘的蓟马有：黄胸蓟马、西花蓟马、花蓟马、茶黄蓟马、柑橘蓟马、日本蓟马、橙黄蓟马、茶带蓟马等十几种。广西桂北地区为害柑橘的主要有黄胸蓟马（优势种）、花蓟马、柑橘蓟马、茶黄蓟马等几种，尚未发现西花蓟马。近年来，柑橘蓟马的为害呈加重趋势，为害果率一般在10%～30%、高的达40%以上，严重影响果实的外观品质。

【为害特点】 ①嫩叶受害后叶片变薄，中脉两侧出现灰白色条斑或中脉上出现褐色愈合斑，进而扭曲变形似蚜虫为害状，严重影响树势。②为害花时，造成开花困难、落花落果；③为害幼果时，幼果表皮细胞破裂，逐渐失水干缩，疤痕随果实膨大而扩展，呈现不同形状的木栓化银白色或灰白色的斑痕。尤以谢花后至幼果直径4厘米时受害最重，常在幼果萼片附近取食，使果蒂周围出现环形斑，严重影响果实外观和品质。④除西花蓟马、日本蓟马、橙黄蓟马、茶带蓟马主要为害柑橘花外，其余为害柑橘嫩芽、嫩叶和果皮。

【发生规律】 ①在南方一年发生11～14代（花蓟马），在20℃恒温条件下完成一代需20～25天；以成虫在枯枝落叶层、土壤表皮层中越冬，翌年4月上中旬出现第一代，10月中旬成虫数量明显减少，10月下旬至11月上旬进入越冬代，世代重叠严重。②成虫寿命春季为35天左右，夏季为20～28天，秋季为40～73天；雄成虫寿命较雌成虫短，雌雄比为1 ：（0.3～0.5）。③成虫羽化后2～3天开始交配产卵，全天均进行，也可进行孤雌生殖；卵单产于花组织表皮下，每雌可产卵77～248粒，产卵历期长达20～50天；高龄若虫一般在地表苔藓及较潮湿的枯枝落叶层中、土壤缝隙中化蛹。④二龄幼虫是主要取食为害虫态，谢花后至幼果膨大前期为害最重，是防治的重点。

【防治方法】 ①加强柑橘开花至幼果期的虫口监测，方法是中午在树冠外围用10倍放大镜检查花和果实萼片附近的蓟马数量，每周一次。当谢花后发现有5%～10%的花或幼果有虫时，或幼果直径达1.8厘米后有20%的果实有虫或受害时，即应开始喷药防治。药剂主要有25%呋虫胺油悬浮剂2 500～3 000倍液、25%吡蚜酮悬浮剂1 500 ～ 2 000倍液、25%噻虫嗪悬浮剂1 000 ～ 1 500倍液、20%烯啶虫胺干悬浮剂1 000 ～ 1 500倍液等，一般在萌芽后开花前喷1 ～ 2次，谢花后到幼果期喷1 ～ 2次，果园地面需同时喷雾，还可兼治柑橘木虱、蚜虫等；金柑园每次花至少喷药2 ～ 3次，且轮换用药。②在蓟马主要发生期进行地面覆盖或生草。③在蓟马发生初期（开花前）悬挂蓟马蓝板20 ～ 30块/亩进行诱杀。

蓟马：金柑幼果花斑

蓟马：金柑幼果为害状

蓟马：马水橘为害状

蓟马：马水橘受害果实环形斑

蓟马：沙糖橘春梢叶片畸形

蓟马：沙糖橘果实环形斑

蓟马：沙糖橘受害果

蓟马：沙糖橘叶片中脉受害状

蓟马：甜橙果实环形斑

（三）果实害虫

1. 柑橘锈壁虱

柑橘锈壁虱又称柑橘锈螨或锈蜘蛛。此螨仅为害柑橘类果树，以成、若螨群集在果面、叶片及绿色嫩枝上为害；受害果面由锈色发展为褐色，严重时形成“黑皮果”；受害叶片初为黄褐色，后渐变为黑褐色；嫩枝受害状与叶片受害状相似。

【形态特征】成螨 体长0.1～0.2毫米，楔状或胡萝卜形，黄色或橙黄色，头小伸向前方，足2对；背面和腹面有许多环纹，腹面约为背面的2倍。卵 圆形，表面光滑，灰白色透明。幼螨 初孵幼螨白色，透明，第一次蜕皮后为若螨，体淡黄色，比幼螨大一倍。

【生活习性】桂林一年发生约22代。以成螨在夏、秋梢的腋芽、叶片、嫩枝、卷叶内越冬，翌年3～4月越冬成螨开始活动取食，春梢抽发后，从越冬处转移到新梢上为害和繁殖，5月下旬至6月中旬陆续为害幼果，7～8月间虫口剧增，一直猖獗为害到11月中、下旬。田间发生数量与气候、栽培、天敌等因素有关，尤以气候关系最为密切，高温、干旱时有利该虫生长繁殖，发生为害严重。

【防治方法】①农业防治。合理的肥水管理，尤其在肥料的配置中，氮、磷、钾比例要适当，氮肥过多的情况下有利害螨发生。②化学防治。当田间有虫叶率20%～30%时，或果实表面每视野有2～3头（果面起“毛”），或有个别“黑皮果”时立即喷药，可用25%呋虫胺油悬浮剂2 000～2 500倍液、50%溴螨酯乳油1 000～1 500倍液、5%虱螨脲（全球鹰）乳油1 500～2 500倍液、58%阿维柴（风雷激）乳油1 000～1 500倍液等药剂喷雾。

柑橘锈壁虱：成虫、若虫

锈壁虱：沙田柚果实为害状

锈壁虱：甜橙果实受害后期

锈壁虱：甜橙果实受害前期

锈壁虱：甜橙果实田间为害状

锈壁虱：温州蜜柑果实受害初期

锈壁虱：温州蜜柑果实受害后期

2. 橘实雷瘿蚊

橘实雷瘿蚊在广西、广东均有报道，除为害沙田柚，也为害脐橙等品种。成虫产卵于果蒂部或果脐部白皮层内，幼虫孵出后蛀食果实的白皮层，造成幼果畸形、落果，大果未熟先黄，烂果和落果。

【形态特征】成虫 像小蚊。雌虫体长2.3～3.1毫米，翅展4.1～5.0毫米，翅脉退化，有纵脉3条，翅膜质，被黄褐色细毛，有金色鳞片；雄虫个体比雌虫小。卵 长椭圆形，长0.28毫米，宽0.85毫米，初产时浅白色，将孵化时中间有一浅黄色斑块。幼虫 末龄幼虫体扁纺锤形，长3～3.8毫米，宽0.54～0.67毫米，体红色，头壳较短，胸部有三角形红色斑点，中胸腹板一"丫"状剑骨的弹跳器，腹部有浅黄斑，末端有4个突起。蛹 浅红色，近羽化时头部为黑褐色，足并列紧贴腹部。蛹壳 浅白色，长约2.9毫米。

【发生规律】在广东、广西一年发生4～5代，有世代重叠现象。以老熟幼虫在土中或未腐烂的被害果中越冬，翌年4月化蛹羽化出土；成虫喜欢在荫蔽果园和背光果蒂部或脐部产卵，5～10月均可为害，但有4次明显为害高峰期：第一次5月中旬至6月初，第二次6月中下旬，第三、四次8月中下旬至10月中旬，其中以第二次为害最严重，其次是第一次。该虫生长发育最适温度为22～26℃，最适相对湿度为80%以上。

【防治方法】①采果后至春天回暖之前，果园进行全面松土，减少越冬幼虫。②发现虫果及时摘除烧毁。③在花蕾现白期用40%辛硫磷乳油400～600倍液喷施树盘1～2次，每次相隔15天，毒杀刚羽化的成虫。

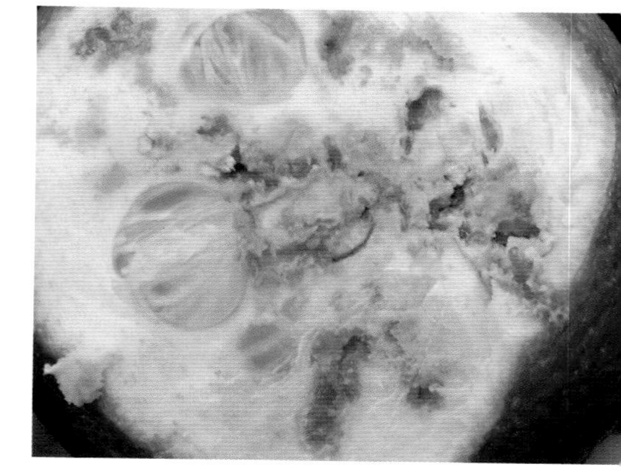

橘实雷瘿蚊：红色幼虫

橘实雷瘿蚊：脐橙受害状

橘实雷瘿蚊：脐橙受害状

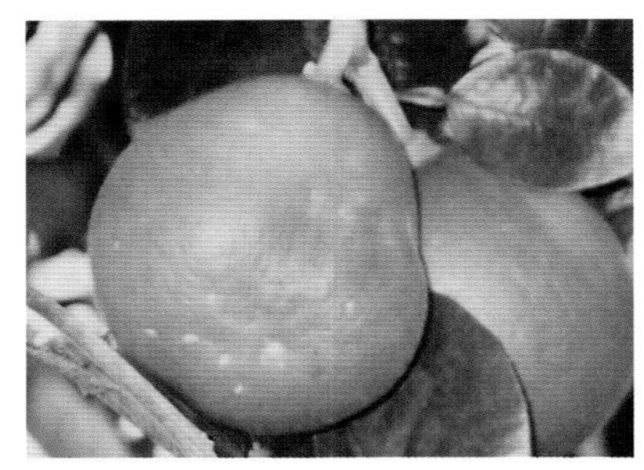

橘实雷瘿蚊：沙田柚畸形幼果

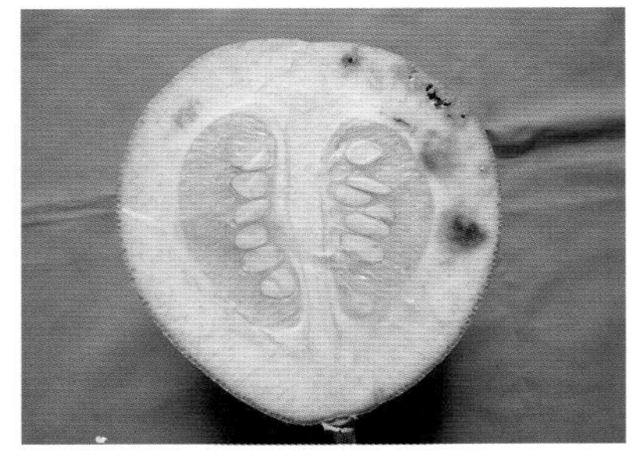

橘实雷瘿蚊：沙田柚受害果剖面

橘实雷瘿蚊：沙田柚幼果受害状

橘实雷瘿蚊：脐橙受害果

3. 橘小实蝇

橘小实蝇分布广泛，为害严重。以成虫产卵于柑橘成熟期的果实内，幼虫在果实内食害果囊瓣，造成果实腐烂，常未熟先黄，早期脱落。除为害柑橘类外，橘小实蝇尚能为害桃、李、梨、芒果、杨桃、番石榴、木瓜、香蕉、龙眼等250余种植物。

【形态特征】成虫 体长7～8毫米，全体深黑色和黄色相间；胸部背面大部分黑色，前胸肩胛鲜黄色，中胸背板黑色较宽，两侧具黄色纵带，小盾片黄色，与上述的两黄色纵带连成U形；腹部黄色至赤黄色，第一、二节各有一黑色横带，第三节以下多少有黑色斑纹，并有一黑色纵带从第三节中央直达腹端。卵 梭形，长约1毫米，宽约0.2毫米，乳白色，圆筒形。幼虫 约10毫米，黄白色。蛹 椭圆形，长5毫米，宽2.5毫米，淡黄色，围蛹。

【发生规律】年发生世代随地区不同而不同，可达3～10代，世代重叠。在广东、广西地区无严格的越冬，冬季也有活动为害；在有明显冬季的地区，以蛹越冬。在我国南方7～8月发生最多，主要为害杨桃、桃、梨、李等果树，在柑橘果实着色时便大量飞来柑橘园产卵；雌成虫在果实上刺成产卵孔，每孔产卵5～10粒，幼虫蛀入果内为害。

【防治方法】重点推广以聪绿饵剂为基础的橘小实蝇综合防治方法，具体措施如下：

第一步，了解果园基本情况：①果园面积。防治园面积一般要求≥5亩或连片使用，面积过小或不连片使用会影响聪绿防治效果，或不推荐使用该方法进行防治。②果园形状。防治园形状一般为方形、圆形、多边形较好，长条形果园需要在长边一侧增涂2～3行保护层以确保效果。③上年橘小实蝇发生情况。上年虫果率≥5%则需重点防治。④品种物候。必须掌握防治园果实开始采收及采收结束的时间。

第二步，全园适时涂抹聪绿饵剂：①涂抹时间。不同果树品种由于成熟期和采收期长短不同，涂药时间、间隔天数和涂药次数有所不同；温州蜜柑如日南1号、兴津等采收期一般在9月上旬至10月上旬，要求在8月上旬涂抹第一次、8月中下旬涂第二次，如采果延迟到9月下旬至10月上旬，则需要在9月上中旬涂第三次，每次涂药间隔期15 ~ 20天。②涂抹技术。全园涂抹，每亩涂40个点，每点涂2克，涂在1.5 ~ 2.0 米高、向上开口约60° 的树杈上；涂药时要快速涂抹、不留缝隙，使其与树杈接触紧密，防止脱落。③注意事项。雨天不宜涂药，药后未干遇雨药剂被冲掉则需补涂。

第三步，及时清理虫果落果：在落果初期，每3天清理落果1次，落果盛期至末期每天1次，同时摘除树上有虫青果和过熟果实，利用深埋（30 厘米以上）等方法杀死虫果内的幼虫。

橘小实蝇：成虫产卵孔

橘小实蝇：成虫产卵状

橘小实蝇：黄板虫情监测

橘小实蝇：蜜柚为害状

橘小实蝇：脐橙受害落果

橘小实蝇：沙田柚为害状

橘小实蝇：性诱剂诱杀的雄成虫

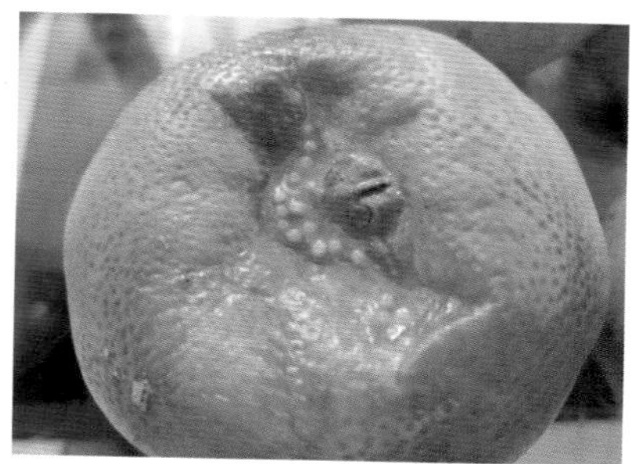

橘小实蝇：幼虫取食状

橘小实蝇：早熟温州蜜柑受害果

橘小实蝇：早熟温州蜜柑大量落果

橘小实蝇：早熟温州蜜柑田间为害状

橘小实蝇：砧板柚为害状

4. 柑橘大实蝇

柑橘大实蝇属双翅目实蝇科害虫，是我国已知的为害柑橘8种实蝇中的一种，主要分布在西南地区的四川、重庆、湖北、湖南、广西等省份。田间为害症状与柑橘小实蝇相似，以成虫产卵于柑橘的幼果内，幼虫在果实内食害果囊瓣，果实易腐烂，常未熟先黄，早期脱落；不同的是该虫仅为害柑橘类，其中以橙类、金柑类受害最重，柚类、橘类次之，广西以金柑和南丰蜜橘受害较重。

【形态特征】成虫 淡黄褐色，体长12～13毫米（不含产卵管），翅展20～24毫米；头大，复眼金绿色，触角黄色，角芒很长；翅透明，黄褐色，翅痣棕色；胸部背面中央有深褐色“人”字形斑纹，腹部中央具“十”字形斑纹；足黄色，附足5节。雄成虫的腹部第五块腹板后方向内凹陷；雌成虫的产卵管针突长度在3.6毫米左右，末端呈尖锐状。卵 乳白色，平整光滑，没有花纹，呈长椭圆形，长1.52～1.60毫米。幼虫 共3龄，呈乳白色至乳黄色光泽，其中三龄老熟幼虫的形状类似蛆形，体型肥大，体长15～16毫米。蛹 围蛹，黄褐色，椭圆形，长8.0～10.0毫米。

【发生规律】在四川、湖北等柑橘产区一年发生1代，以蛹在土下6～7厘米处越冬，越冬蛹在地温达15℃开始活动，4月中旬开始羽化、成虫出现，5月上旬为盛期，6月上旬至7月中旬交尾产卵，6月中旬至7月上旬为产卵盛期，7～9月幼虫开始蛀食为害，受害果于9月下旬开始脱落，10月中下旬为落果盛期，幼虫随落果至地面后经1～10天脱果入土化蛹，蛹期117～181天；山地果园发生重；土壤湿润的果园、附近蜜源多的果园受害重。

【防治方法】该虫防治需采取综合防控方法：①冬耕灭蛹。结合冬季修剪清园，做好冬季翻耕果园土壤灭蛹工作，破坏越冬蛹适生环境，消灭地表10～15厘米耕作层越冬蛹。②封杀树盘。可在成虫羽化盛期，用2.5%溴氰菊酯乳油1 000～1 500倍液、48%毒死蜱乳油1 000～1 500倍液地面喷雾，毒杀羽化出土的成虫。③诱杀成虫。可在成虫盛发期（6～7月），用90%敌百虫晶体1 000倍液或2.5%氟氯氰菊酯乳油1 500倍液加3%红糖液做成诱杀液进行喷雾或挂瓶诱杀。喷雾诱杀可每隔7～10天喷1次，连喷3～5次，每亩喷10～15个点，每点0.5米^2；挂瓶诱杀可每亩挂诱杀瓶20个，每5～7天换1次诱杀剂。④及时摘除虫果和捡拾落果。在9～11月巡视果园，发现虫果应及时摘除，并捡拾落地果进行深埋等集中处理。

柑橘大实蝇：金柑受害果实及幼虫

柑橘大实蝇：金柑受害果

柑橘大实蝇雄成虫

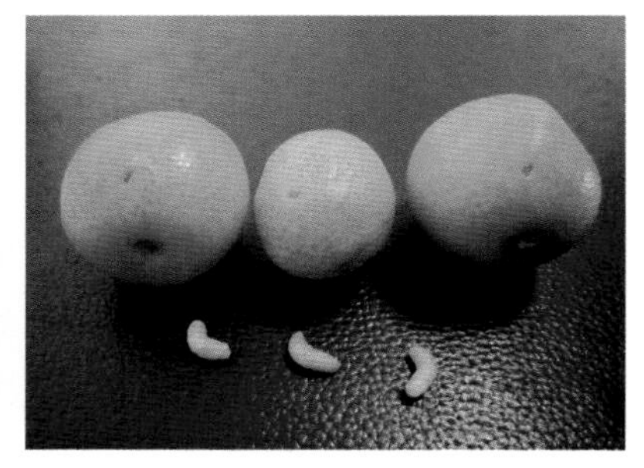

柑橘大实蝇：幼虫及脱虫孔

柑橘大实蝇雌成虫

南丰蜜橘受害果实及柑橘大实蝇幼虫

柑橘大实蝇为害南丰蜜橘脱虫孔

5.吸果夜蛾

吸果夜蛾种类很多，其中最主要的是嘴壶夜蛾，占全体数量的3/4，其次是鸟嘴壶夜蛾、壶夜蛾、落叶夜蛾、艳叶夜蛾、枯叶夜蛾、桥夜蛾、超桥夜蛾、彩肖金夜蛾和小造桥虫等。成虫在柑橘果实成熟前后，以口器刺破果面，插入果肉内吸食汁液，伤口软腐呈水渍状，果实终至脱落。早期主要为害枇杷、桃、李、芒果、荔枝、龙眼等其他果树的果实。现以嘴壶夜蛾为例描述。

【形态特征】成虫 体长16～19毫米，体褐色，头部红褐色，前翅棕褐色，外缘中部突出成角，角的内侧有一个三角形红褐色纹，后缘中部内陷，翅尖至后缘有一深斜h形纹，肾状纹明显。卵 扁球形，黄色，有暗红花纹。幼虫 漆黑，背面两侧各有黄、白、红斑一列。蛹 赤褐红色。

【发生规律】在我国南方一年发生4～5代，以幼虫越冬。4～6月先为害枇杷、桃、李，6～7月为害芒果、黄皮、荔枝、龙眼，8月下旬开始为害柑橘，9月下旬至10月下旬是为害盛期。成虫白天隐存于隐蔽处，傍晚开始活动，趋光性弱；闷热、无风的夜晚，蛾量最多，吸食果汁。卵和幼虫在木防己（俗称鸡屎藤）等植物上，幼虫取食叶片，化蛹土中。在山地山脚及近山柑橘园发生多，为害严重。

【防治方法】①山区柑橘园连片种植迟熟品种和避免混栽成熟期不同的品种，可减轻为害。②清除果园四周木防己科等幼虫寄主植物，杜绝虫源。③驱避成虫。在成虫发生期，每亩设置40瓦黄荧光灯1～2支，或其他黄色光源，或香茅油（在5厘米×6厘米吸水性能好的上等草纸，滴少许香茅油，早晨收回放在尼龙袋内，傍晚挂出去）挂在柑橘园边缘内，对成虫有拒避作用。④诱杀成虫。将接近成熟的落果收集起来，除保留两端的果皮外，其余果皮全部剥去，并用小针刺破果肉，用线穿好，浸于稀释20倍的90%敌百虫药液中，10分钟后取出，傍晚挂在树上，诱杀成虫。⑤果实套袋阻隔。⑥保护利用天敌。据报道，在广东9～10月间，有一种赤眼蜂寄生于嘴壶夜蛾的卵粒上，其寄生率高达95%以上。

夜蛾为害柑橘果实状

（四）枝梢及主干害虫

1.黑蚱蝉

黑蚱蝉俗称知了。寄主植物甚多，在果树上以柑橘、梨、苹果等受害最为普遍。成虫刺吸枝梢汁液，产卵时用产卵器刺破枝条表皮，深至木质部，造成许多爪状刺穴，将卵产于其内，使枝条的养分输导系统受到破坏和阻碍，致使枝条干枯，其上的叶和果干枯脱落。

【形态特征】成虫 雄成虫体长44 ~ 48毫米，雌成虫体长38 ~ 44毫米，体黑色，有光泽。卵 长约2毫米，宽0.5毫米，长椭圆形，稍弯曲，前端略尖细，乳白色，有光泽，孵化时淡黄色。若虫 末龄若虫体长35毫米，黄褐色，形似成虫。

【发生规律】在桂林数年发生1代，以卵在枝条内和若虫在土中越冬；翌年5月上中旬越冬卵开始孵化，5月中下旬至6月初为孵化初期，6月下旬终止；孵出的若虫立即入土，在土中蜕皮5次，生活数年才能完成整个若虫期；老熟若虫于晚上8～10时出土羽化为成虫，6月上旬为羽化始期，6月中旬至7月中旬为盛期，10月上旬终止；成虫6月上旬开始产卵，6月下旬至7月下旬为产卵盛期。

【防治方法】①结合夏季和冬季修剪，剪除被害枝条，集中烧毁，消灭卵粒，此法是防治该虫的最经济、有效、安全、简便的方法，坚持数年，收效显著。②在7月间晚上8～10时（尤其是闷热之夜）巡视树干周围，捕捉刚出土尚未羽化的若虫和振落成虫，拾集处理。③在若虫上树蜕皮羽化前，可在树干基部包扎一圈8～10厘米宽的塑料薄膜，可阻止若虫上树蜕皮。④近年，在广西桂林一些农场，在橘园周边拉上渔网，网高超过树冠0.5～1.0米，在成虫发生盛期捕杀成虫的效果十分明显。

黑蚱蝉产卵为害的柑橘枝条

黑蚱蝉成虫（彭成绩）

黑蚱蝉的蝉蜕

2. 星天牛

星天牛又称橘星天牛、花牯牛等。除为害柑橘类果树外，还可为害苹果、无花果、梨、桃、杏、枇杷、荔枝等果树和杨、柳、洋槐、苦楝等树木。幼虫在柑橘主干下部和主根蛀害成许多孔洞，致使树皮开裂、叶片黄萎，甚至全株枯死。

【形态特征】成虫 体长19 ~ 39毫米，宽6 ~ 16毫米，漆黑色有光泽；触角鞭状；翅面上散生约20个白色绒毛组成的白色小斑点，排成不规则的5个横行，犹如天空中的繁星，因而得名。卵 长5 ~ 6毫米，长椭圆形，乳白色，将孵化时为黄褐色。幼虫 老熟幼虫体长45 ~ 60毫米，圆筒形，淡黄白色，头部前端黑褐色，前胸背板前方左右各有一黄褐色飞鸟形斑纹，后半部有一黄褐色"凸"字形大斑纹。蛹 体长约30毫米，形似成虫，裸蛹，乳白色，近羽化时为黑褐色。

星天牛：成虫交配

星天牛成虫

【发生规律】在广西一年发生1代。以幼虫在树干基部或主根内越冬；成虫多在傍晚产卵，卵多产在直径6 ~ 7厘米大树主干离地面5厘米处，产卵处皮层隆起裂开，呈L形或T形；幼虫孵化后先在皮下蛀食，将近老熟时蛀入木质部；越冬幼虫于翌年4月中下旬化蛹，5月上旬开始羽化，5月中下旬至6月上中旬为羽化盛期。

【防治方法】天牛是一类蛀害枝干的甲虫，南方常见主要为害柑橘的天牛有星天牛、褐天牛和光盾绿天牛，其防治方法有：①捕捉成虫。②根据产卵处症状，用利刀刮卵及皮下幼虫。③钩杀幼虫，先将虫粪扒开，然后用铁丝钩杀。④防止成虫产卵。在成虫产卵前用石灰10千克、硫黄粉1千克、水10千克混成糊状，涂刷在离地面150厘米以下的主干，可以防止星天牛和褐天牛成虫产卵。⑤药剂防治。用脱脂棉蘸以80%敌敌畏5～10倍液，塞入虫道内，并用泥土封口，消灭虫道内幼虫。

（五）根系害虫

1. 柑橘地粉蚧

柑橘地粉蚧为典型的土居害虫，国外主要分布在日本和印度，可为害柑橘和胡椒的根部；国内主要在福建和广西有发生；据广西特色作物研究院（原广西柑橘研究所）调查：该虫在阳朔县主要为害柑橘，以金柑为主，受害金柑面积占全县金柑种植面积的50%以上；随着柑橘产业的快速发展，目前该虫有向外扩展蔓延趋势，需引起高度重视。

【形态特征】成虫　雌成虫长椭圆形，长约3毫米，宽约2毫米，淡黄色，被白色棉絮状蜡粉，体壁大部分不特别硬化，但腹部末节和臀瓣强度硬化，暗褐色；雄成虫长椭圆形，暗色，具翅1对。卵　椭圆形，白色半透明。若虫　体形似成虫，较小，淡黄色。

【发生规律】以成、若虫群集于须根特别是新生须根和细根上吸食为害，受害根地下部须根和新根减少，须根根皮糜烂；挖开树盘土层，可见须根及土块上附着有白色的絮状蜡质物，其上附着淡黄色半透明的地粉蚧成、若虫；受害植株树冠的内膛老叶（上年春梢叶片）呈现斑驳状黄化，黄化部分始于叶片基部主脉两侧，并逐渐扩大，在主脉两侧各形成一个大小基本均等的大黄

斑，黄斑进一步扩大，终致整张叶片的叶肉部分及侧脉全部黄化，但叶片主脉仍保持绿色；严重时，除当年春梢叶片不表现黄化外，其基部以下的全部叶片都可表现黄化，老叶提早脱落，树势明显衰退，新梢少，新根也少，结果少，果小，流胶加剧，产量显著减少。

据研究，福州郊区柑橘地粉蚧一年发生3代，主要以若虫和少数成虫越冬；第一代卵盛期在6月上中旬，第二、三代卵盛期分别在7月下旬至8月上旬和9～10月间，土中若虫和成虫周年可见，各代若虫盛发期为6月、8月和9～10月，各代成虫盛发于6月下旬至7月、9月中下旬以及翌年4～5月；调查过程中未发现雄虫，可能以孤雌生殖为主。

据调查，该虫在金柑的苗木、幼树和20年生以上的老树都有发生，但一般树龄大的树比树龄小的树严重；山地果园和平地果园都有发生；管理粗放的果园和管理较精细的果园都有发生，但肥水足、土壤湿润松软的果园虫口密度比缺肥水、土壤干燥板结的果园大；长势好、新根多的树虫口密度大；各种砧木均可受到地粉蚧为害，受害程度由重到轻依次为枳砧＞酸橘砧＞金柑本砧＞实生树；南丰蜜橘、杂交柑、椪柑、脐橙及沙田柚均发现有受害树，而且其地上部的为害状也与金柑相似，但受害程度都比金柑小。

【防治方法】①严格选择育苗地。严禁在金柑园及其他柑橘园内育苗，前茬为金柑的地块不宜做柑橘苗圃；做好苗木调运的检疫，防止传播蔓延。②在柑橘地粉蚧为害严重的地区，可考虑种植金柑实生苗或本砧嫁接苗。③土壤调酸。根据地粉蚧喜好偏酸（pH4～5.3）土壤环境的习性，冬季增施石灰50～100千克/亩，恶化其生境，对防治有一定效果。④化学防治。可在若虫盛发期（6～9月），树盘撒施3%辛硫磷颗粒剂100～150克/株或用40%辛硫磷乳油600～800倍液药剂泼浇。

柑橘地粉蚧：受害园新梢少

柑橘地粉蚧：受害园叶片发黄

柑橘地粉蚧：受害园叶片稀疏

柑橘地粉蚧：白色絮状物

柑橘地粉蚧：流胶严重

柑橘地粉蚧：叶基部发黄

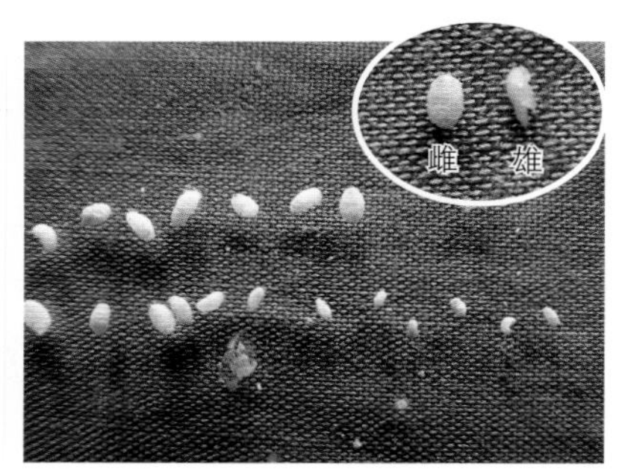

柑橘地粉蚧不同龄期虫体

柑橘地粉蚧卵

柑橘地粉蚧卵囊及受害根

柑橘地粉蚧若虫

2. 黑翅土白蚁

黑翅土白蚁又名黑翅大白蚁，属等翅目白蚁科，是一种土栖性害虫；除为害柑橘外，还可为害桃、李、梨、荔枝、龙眼、芒果、枇杷等果树及桉树、松树、樟树等许多林木；广西、广东、浙江、福建、湖南、贵州等南方省份均有分布。

【田间症状】主要以工蚁为害树皮、浅木质层及根部，采食为害时做泥被和泥线，造成被害树干外形成大块蚁路，长势衰退；当侵入木质部后，则树干枯萎，尤其对幼苗，极易造成死亡；严重时泥被环绕整个干体周围而形成泥套，其特征明显。

【发生规律】黑翅土白蚁具有群栖性，有翅成蚁叫繁殖蚁，有趋光性。4～6月在靠近蚁巢地面出现羽化孔，羽化孔突圆锥状，数量很多；在闷热天气或雨前傍晚7时左右，有翅蚁爬出羽化孔，群飞天空，停下后即脱翅求偶，成对钻入地下建筑新巢，成为新的蚁王、蚁后，繁殖后代。蚁巢位于地下0.3～2.0米处，新巢仅是一个小腔，3个月后出现菌圃，状如面包。在新巢的成长过程中，

不断发生结构上和位置上的变化，蚁巢腔室由小到大，由少到多，个体数目达200万以上。

【防治方法】 ①人工挖巢。在追挖过程中，要掌握挖大不挖小、挖新不挖旧、对白蚁追进不追出、追多不追少的原则，一定要挖到主巢，消灭蚁王、蚁后和有翅繁殖蚁，才能达到追挖的目的。②灯光诱杀。每年4 ～ 6月间有翅繁殖蚁的分群期，利用有翅蚁的趋光性，在蚁害发生区域可采用黑光灯诱杀。③药剂防治。准确勘测蚁道、蚁巢，在蚁活动的4 ～ 10月间，喷施75%灭蚁灵饵剂，每巢用药3 ～ 30克，可取得满意效果。

黑翅土白蚁（有翅蚁）（陆温）

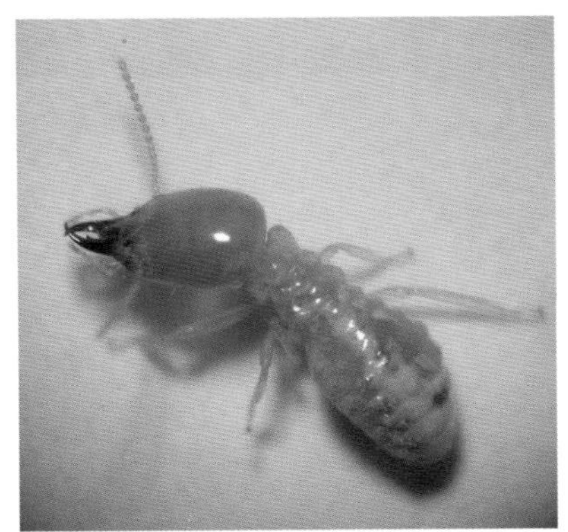
黑翅土白蚁兵蚁（陆温）

黑翅土白蚁菌圃（陆温）

黑翅土白蚁蚁王（上）和蚁后（下）（陆温）

黑翅土白蚁：田间为害状

五、柑橘病虫害农药减施增效防控技术模式简介

——以矿物油为基础的柑橘病虫害防控技术

（一）目的意义

柑橘是我国重要果树，2016年全国柑橘面积和产量分别达到了3 841.2万亩和3 764.87万吨，稳居世界第一；但病虫发生严重，尤其在南方柑橘产区，柑橘黄龙病、柑橘溃疡病、柑橘红蜘蛛、柑橘绿斑病（青苔）等病虫已成为产业发展痛点问题，究其原因主要是有效防控方法的缺乏，果农更多需依赖化学防治；由于农药使用频次和浓度增加，不但诱发了病虫抗性产生，还极大增加了果实农药残留的风险；生物防治方法可以减少或避免农药残留，但难以解决当前果园中多种病虫的同时发生问题，且见效慢、成本高，果农不喜欢使用。“以矿物油为基础的柑橘病虫害防控技术”以矿物油为基础，可单独或视病虫发生情况添加少量化学农药，既能有效防治果园中常见病虫，实现可持续控制，又能减少农药残留，降低用药成本，是适合当前我国国情的柑橘病虫害减

施增效防控技术模式之一。

（二）技术基础

1993—1996年，广东省昆虫研究所与澳大利亚西悉尼大学，承担澳大利亚国际农业研究中心的国际合作研究项目“以矿物源农药——机油乳剂为基础的柑橘害虫综合治理”，该项目研究重点，是在柑橘园应用高质量的矿物源农药——机油乳剂防治柑橘主要害虫，达到可持续控制的目的。由于项目获得成功，澳大利亚国际农业研究中心在1996—1999年，继续支持该项目在中国及东南亚国家推广应用；我国的推广地区包括广东、广西、江西、四川和浙江5个省份，第二期项目也取得了良好的效果，为此，该项目2005年获得了广东省人民政府授予的科技进步三等奖。笔者全程参加了该项目的研究，并在上述研究成果的基础上，从2016年开始进行了大面积的试验示范，结合当前柑橘病虫发生的特点，进一步细化和完善了“以矿物油为基础的柑橘病虫害防控技术”。

（三）技术依据

该防控技术的核心是以矿物油为基础药剂，理由有三：

1.柑橘病虫发生特点需要

（1）柑橘多种病虫同时发生，果农往往需要混配多种药剂才能有效防治，用药成本增加，不利于柑橘高效生产需要，而矿物油可一药多治，可减少农药的使用次数；即使混配农药也是降低浓度使用，完全满足柑橘高效生产需求。如柑橘春梢期，多数果园会同时发生红蜘蛛、蓟马、粉虱、柑橘绿斑病（青苔）、黄斑病、疮痂病等；在夏梢期，多数果园又会同时发生锈壁虱、潜叶蛾、柑橘木虱、介壳虫、溃疡病、树脂病、炭疽病等；如果用97%矿物油（百农乐）300倍液混用58.3%氢氧化铜水分散剂（志信2000）1 000倍液，柑橘秋梢叶片溃疡病防治效果可达83.18%、果实溃疡病防治效果可77.33%，同时红蜘蛛和青苔也较好地得到了兼治。

（2）有些病虫由于抗性等原因非常难防，已成为产业痛点问题，果农需要提高浓度，或混配多种农药，或增加喷药次数，不但加大了用药成本，还极大地提高了农药的残留风险。矿物油属于矿物源农药，是生产有机食品、绿色食品允许使用的产品，国家至今也没有设定其残留标准，即完全无残留的风险，非常适宜当下农药化肥“减施增效”“三品一标”农产品生产需求，且能很好地解决病虫抗性问题。如柑橘红蜘蛛，现有最好的杀螨剂如乙螨唑、螺螨酯等已不能有效控制红蜘蛛（要求防治效果≥90%、持效期≥30天），但矿物油对红蜘蛛有很好的防治效果。如97%矿物油（希翠）150倍液防治柑橘红蜘蛛，20天后防治效果仍达98.01%，而11%乙螨唑（来福禄）悬浮剂4 000倍液防治效果为−48.39%；桂林市良丰农场在红蜘蛛虫口100～200头/叶的高密度下，97%矿物油（希翠）150倍液单独喷施防治，持效期达到2个月以上。

2. 矿物油独特的作用方式

（1）窒息作用　封闭害虫的气孔，使害虫物理窒息而亡；在叶片上形成油膜，物理性干扰害虫的行为，如取食、产卵和停留时间等。我国及澳大利亚的研究均表明，在柑橘梢期喷施矿物油，能够对柑橘潜叶蛾及柑橘木虱产生较好的产卵驱避作用。如广东省昆虫研究所的试验证明，用nC23矿物油乳剂的4个浓度（0.25%、0.5%、0.75%和1.0%）喷洒甜橙的嫩芽，柑橘木虱成虫在嫩芽上的产卵数随浓度的增加而减少；华南农业大学（2003年）试验表明，矿物油乳剂对柑橘潜叶蛾的拒避效果达94.9%。

（2）阻隔作用　形成的油膜可封闭菌丝体，阻止菌丝的生长和孢子的萌发；在叶片形成的药膜，可物理性地阻止病原体侵染。在澳大利亚、菲律宾、美国及南美洲等国家，矿物油被广泛应用于（单独使用或混合杀菌剂）防治柑橘脂点黄斑病、香蕉叶斑病及多种作物白粉病。

（3）清除作用　喷施矿物油后，其中的石蜡与叶表蜡质层可互为融合，能有效清除叶面的柑橘绿斑病（青苔）、煤烟病及粉尘等，提高叶片光泽度。如97%矿物油（希翠）和97%矿物油增效助剂（百农乐）150倍液防治青苔效果可达到74.72%和71.66%；98.8%矿物油乳剂100～300倍液1周内喷施2次，对柑橘煤烟病防治效果可达到86%以上。

（4）增效作用　可与大部分化学农药混用，通过提高渗透力、黏着力和减少雨水冲刷等，可显著提高药效，对作物安全。如73%克螨特3 000倍液混用97%百农乐矿物油增效助剂300倍液防治柑橘红蜘蛛，20天后防治效果仍有91.16%，而73%克螨特3 000倍液20天后仅为68.25%，效果增加22.91%；又如40%哒螨·螺螨酯（除螨士）悬浮剂3 000倍液单用防治柑橘红蜘蛛，10天后防治效果为43.5%，效果较差，但40%除螨士3 000倍液混用97%矿物油增效助剂（百农乐）300倍液后，防效则提高到88.61%，效果增加45.11%，增效显著；又如97%矿物油（希翠）300倍液与铜制剂混合使用后，77%氢氧化铜可湿性粉剂、53.8%氢氧化铜可湿性粉剂和30%碱式硫酸铜悬浮剂对疮痂病的平均防治效果分别增加了28.25%、20.19%和16.79%；对全爪螨则分别增加73.37%、51.47%和91.95%，矿物油不仅对三种铜制剂防治疮痂病有增效作用，也能有效抑制其对全爪螨的诱发效应。

3.矿物油对害虫天敌安全

由于杀虫机理独特，一些活动性较强的天敌如寄生蜂、寄生蝇、瓢虫、捕食螨等，能有效避开矿物油的伤害，应用矿物油防治的果园其天敌数量往往比常规防治园丰富，有利于害虫的可持续控制。笔者曾对柑橘园中的寄生蜂、寄生蝇、蜘蛛、瓢虫、草蛉、捕食性蓟马、捕食螨七大类天敌进行了调查，应用矿物油防治的果园，其天敌年平均虫口密度分别为1.823～1.855头/株，是常规管理园的1.33～1.46倍。

（四）技术简介

该技术模式是利用现代矿物油为基础药剂，根据不同果园、不同病虫害发生情况，单独或混配其他高效、低毒、低残留的化学药剂进行病虫防控。简言之就是："矿物油+病虫防控"模式，按病虫发生种类不同又可分成柑橘类（表1）和橙柚类（表2）两种防控模式。

表1　以矿物油为基础的柑橘类病虫害防控技术

物候期/防治适期	主要病虫	防控方案	
		基础药剂	混配药剂
采果后至春梢萌芽前	红蜘蛛、青苔等	矿物油100～150倍液	炔螨特或螺螨酯或阿维菌素
谢花后 (4月下旬至5月上旬)	红蜘蛛、蓟马、青苔、灰霉病、黄斑病等	矿物油助剂250～300倍液	乙螨唑+代森锰锌+异菌脲+啶虫脒
夏梢（幼果）期 (5月下旬至6月上旬)	柑橘木虱、锈壁虱、树脂病、炭疽病等	矿物油助剂300～350倍液	代森锰锌+咪鲜胺+噻虫嗪
秋梢（果实膨大）期 (7月下旬至8月上旬)	柑橘木虱、锈壁虱、潜叶蛾、树脂病等	矿物油助剂300～350倍液	代森锰锌+苯醚甲环唑+呋虫胺
果实着色前 (9月下旬至10月上旬)	柑橘木虱、红蜘蛛、锈壁虱、炭疽病等	矿物油助剂250～300倍液	阿维菌素+代森锰锌+联苯菊酯

表2　以矿物油为基础的橙柚类病虫害防控技术

物候期/防治适期	主要病虫	防控方案	
		基础药剂	混配药剂
采果后至春梢萌芽前	红蜘蛛、溃疡病、青苔等	矿物油100～150倍液	炔螨特或螺螨酯+乙蒜素
谢花后 (4月下旬至5月上旬)	红蜘蛛、溃疡病、黄斑病等	矿物油助剂250～300倍液	乙螨唑+氢氧化铜+代森锰锌

（续）

物候期/防治适期	主要病虫	防控方案	
		基础药剂	混配药剂
夏梢（幼果）期（5月下旬至6月上旬）	柑橘木虱、锈壁虱、溃疡病、炭疽病等	矿物油助剂300～350倍液	络氨铜+咪鲜胺+呋虫胺
秋梢（果实膨大）期（7月下旬至8月上旬）	柑橘木虱、锈壁虱、潜叶蛾、溃疡病等	矿物油助剂300～350倍液	氢氧化铜+噻虫嗪
果实着色前（9月下旬至10月上旬）	柑橘木虱、红蜘蛛、锈壁虱、树脂病等	矿物油助剂250～300倍液	阿维菌素+苯醚甲环唑+联苯菊酯

注：上述方案对广西桂北柑橘主要病虫基本能进行有效的防控，其他区域可根据当地物候期提前或推后实施；个别病虫如柑橘溃疡病发生严重，建议间隔10～15天后再喷施1～2次。

（五）技术要求

1. 选择好矿物油

所用的矿物油必须达到园艺级矿物油的标准，尤其在生长季使用的矿物油，如希翠矿物油和百农乐矿物油增效助剂；如使用非园艺级矿物油，会增加柑橘落叶落果、影响花芽分化及果实转色的风险。园艺级矿物油的标准：①高纯度。窄馏程，不含芳香烃及硫黄等其他杂质，高非磺化物含量。②乳化性好。乳化后应保持一定时间的稳定性，不易分层。油水分离快容易出药害，而油水不分离则杀虫效果差。③配伍性强。可与大多数农药、叶面肥混用。④可生物降解。不会在植物体内累积，以免因为累积作用对作物产生慢性药害，影响生长发育。⑤符合有机食品生产标准，不含对人体有害物质，如壬基酚等。⑥效果好且安全性高。杀虫、杀螨、清除、增效等效果好，对作物安全。

2. 使用好矿物油

即使是园艺级矿物油，仍需要遵守下列使用原则：①矿物油不能与百菌清、克菌丹、三唑锡等本身对作物不安全的药剂混用；在嫩梢及幼果期，不可与炔螨特混用，以免加重药剂本身的药害。

②园艺级矿物油对嫩梢（经大量田间高温高浓度试验证明）和幼果都非常安全，但在夏季极端高温季节建议早晚用药。③柑橘现蕾到开花前不要施用矿物油，以免造成花畸形。④当长时间干旱植株缺水或冬季严寒后（气温≤5℃）不可喷施矿物油，需待其恢复正常后方可施用。⑤柑橘进入转色期应减少使用次数，以免影响着色，采收后即可施用。⑥年喷施量累计不宜超过3.5%（年使用300倍液不宜超过10次）。

（六）综合评价

矿物油的应用始于1865年，美国宾夕法尼亚州的果农直接将煤油涂抹在柑橘树干防治介壳虫，随后肥皂乳化的煤油乳液被用到喷雾上；1920—1930年，精炼的中度及较重比重的‘润滑油’级白油开始替代煤油用在矿物油的配方上，尽管白油级的矿物油比煤油更安全，但药害时有发生；1970年起，“窄馏程(narrow range)”的高精炼园艺级矿物油（horticultural mineral oil）及农业级矿物油（agricultural mineral oil）开始广泛应用于各种作物（尤其柑橘）病虫的防治上。这些先进工艺生产的矿物油具用高效，对作物幼梢、果实及高温条件下使用安全，以及容易使用等特性而受到大众青睐，成为病虫防治的主要手段。

我国在1980年开始应用矿物油防治柑橘害虫，最早使用的是低精炼宽馏程的机油乳剂。由于产品潜在的高药害风险，使用上受到极大限制，主要用在柑橘休眠期的冬季清园。1990年，现代园艺级矿物油及农业级矿物油应用技术被引进到我国南方的柑橘生产上，随后在我国主要柑橘产区得到了广泛应用，成为了柑橘病虫害综合防治策略的重要措施。

农药使用要求减施增效是农业部2015年2月17日发布的《到2020年农药使用量零增长行动方案》中首次提出的，目的是推进我国农业发展方式转变，有效控制农药使用量，保障农业生产安全、农产品质量安全和生态环境安全，促进我国农业可持续发展。主要技术路径有：一是“控”，即控制病虫发生为害。应用农业防治、生物防治、物理防治等绿色防控技术，创建有利于作物生长、天敌保护而不利于病虫害发生的环境条件，预防控制病虫发生，从而达到少用药的目的。二是“替”，即高效低毒低残留农药替代高毒高残留农药、大中型高效药械替代小型低效药械。大力推广应用生物农药、高效低毒低残留农药，替代高毒高残留农药；开发应用现代植保机械，替代跑冒滴漏落后机械，减少农药流失和浪费。三是“精”，即推行精准科学施药，重点是对症适时适量施药。在准确诊断病虫害并明确其抗药性水平的基础上，配方选药，对症用药，避免乱用药；根据病虫监测预报，坚持达标防治，适期用药；按照农药使用说明要求的剂量和次数施药，避免盲目加大施用剂量、增加使用次数。四是“统”，即推行病虫害统防统治。扶持病虫防治专业化服务组织、新型农业经营主体，大规模开展专业化统防统治，推行植保机械与农艺配套，提高防治效率、效果和效益，解决一家一户“打药难”“乱打药”等问题。水果（柑橘）病虫害的农药减施增效使用是此次行动华南地区的区域重点，结合当前实际情况，制定一项既符合行动要求又简单实用的防控技术是各级研究和管理部门最主要的工作之一。笔者推荐的“以矿物油为基础的柑橘病虫害防控技术”完全符合“控”“替”“精”等技术要求，最后通过政府部门、柑橘专业化生产组织及广大果农的配合应用，也可以大规模地开展专业化统防统治，达到行动方案中“统”的要求。

附录一
柑橘黄龙病综合防控技术规程

柑橘黄龙病综合防控技术规程
（DB 45/T 369—2016）

1 范围

本标准规定了柑橘黄龙病综合防控技术的术语和定义、病树鉴定与普查、柑橘黄龙病的防控原则、柑橘黄龙病的防控技术措施。

本标准适用于广西壮族自治区范围内柑橘黄龙病的综合防控。

2 规范性引用文件

下列文件对于本文件的应用是必不可少的。凡是注日期的引用文件，仅所注日期的版本适用于本文件。凡是不注日期的引用文件，其最新版本（包括所有的修改单）适用于本文件。

GB 5040 柑橘苗木产地检疫规程

DB45/T 482 柑橘无病毒苗木繁育技术规程

DB45/T 502 柑橘木虱综合防治技术规程

DB45/T 504 柑橘黄龙病PCR检测方法

3 术语和定义

下列术语和定义适用于本标准。

3.1 斑驳状黄化叶 mottled yellow leaves

新梢叶片转绿后，从叶片基部和主、侧脉附近开始褪绿逐渐形成的黄绿相间的不均匀斑驳状黄化叶。

3.2 均匀黄化叶 uniform yellow leaves

病害初期夏、秋梢上表现的一个典型症状，在树冠的顶部或其他部位出现部分新梢黄化，新梢叶片不能正常转绿，一直保持均匀的淡黄色。

3.3 黄梢 yellow shoots

夏、秋梢期，在树冠的顶部或其他部位出现部分新梢不转绿，新梢叶片表现为缺锌、缺铁等缺素状黄化。

3.4 红鼻子果 red nose fruit

柑和橘类果实成熟时，果蒂附近着色，果顶部分不着色，而成为一头橘红（或黄）另一头青绿色的畸形果。

3.5 青果green fruit

橙和柚类果实成熟时，果皮不能正常转黄，果皮仍为绿色。

3.6 指示植物 indicator plant

对柑橘黄龙病病原菌反应敏感，并表现明显的特征性症状的植物。

4 病树鉴定与普查

4.1 病树田间鉴定主要依据

斑驳状黄化叶、红鼻子果、青果作为田间鉴定主要依据，均匀黄化叶和黄梢作为鉴定的辅助依据。

4.2 田间鉴定方法

全园逐行逐株检查，发现有斑驳状黄化叶、红鼻子果、青果的柑橘树可确定为柑橘黄龙病病树。

4.3 指示植物鉴定

在12月至翌年3月进行，到6月或7月可看出结果。在网室或温室内，用健康的椪柑1年～2年生实生苗10株～20株作指示植物，平均分成两组，其中一组腹接可疑病树接穗的枝段，另一组（对照组）腹接无黄龙病菌接穗的枝段。接活后在嫁接口上方重剪促发新梢。若第一组指示植物有1株以上所发新梢出现斑驳状黄化叶，而对照组未出现斑驳状黄化叶，则诊断被鉴定树为柑橘黄龙病病树。

4.4 PCR快速检测鉴定

按DB45/T 504给出的方法执行。

4.5 病树检查与普查

柑橘黄龙病树检查随时可以进行；普查每年开展一次，在果实成熟时至翌年2月进行，全园逐行逐株检查，对查出的病树用红色油漆等做明显标记，并做好记录。

5 柑橘黄龙病的防控原则

栽种无病苗；防治柑橘木虱；清除病树。

6 柑橘黄龙病防控技术措施

6.1 清除病树和防控柑橘木虱的关系

先杀柑橘木虱，后清除病树。

6.2 苗木和接穗管理

按GB 5040、DB45/T 482 的规定执行。

6.3 病树处理与更新

普查发现病树后，先对全园喷药防治柑橘木虱，喷药后7d将做有标记的黄龙病树连根挖除或在病树兜上涂草甘膦或柴油，盖上黑色薄膜，覆土。发病轻的果园，挖后及时补种柑橘无病苗木。

6.4 农业技术措施

6.4.1 适当密植

新种柑橘应选用柑橘无病苗木种植，采用适当密植措施。

6.4.2 夏梢、冬梢的处理

成年结果树夏季重点抹除夏梢，统一放秋梢；冬季重点抹除

冬梢。抹梢前先喷药防治一次柑橘木虱。

6.4.3 增施腐熟有机肥

在夏季或冬季开沟重施腐熟有机肥一次。有机肥料可选用麸肥，用量每株2.5 kg ～ 4 kg；猪牛栏粪、鸡粪等农家肥，用量为每株15 kg ～ 25 kg。

6.5 柑橘木虱的防治

6.5.1 总则

按DB45/T 502的规定执行。

6.5.2 防治时期

采果后挖除黄龙病树前，春芽萌动前，春梢、夏梢、秋梢、晚秋梢和冬梢抽发期。

6.5.3 防治次数

各次梢期均以连喷2次药剂为宜，每次间隔时间为10 d ～ 15 d。

6.5.4 防治药剂

选用农业部正式登记防治柑橘木虱的药剂和使用浓度（见附录A)：25%喹硫磷乳油1 000倍液；21%噻虫嗪水悬浮剂3 500倍液；4.5%联苯菊酯水乳剂1 500倍液；2.5%高效氟氯氰菊酯水乳剂1 500倍液；51.5%高氯 · 毒死蜱乳油1 000倍液。

附　录　A

（资料性附录）

农业部正式登记的防治柑橘木虱的药剂及施用方法

表A.1给出了农业部正式登记的防治柑橘木虱的药剂及施用方法。

表A.1　农业部正式登记的防治柑橘木虱的药剂及施用方法

药剂通用名	剂型名称和含量	稀释倍数	使用时期	施药方法
喹硫磷	25%乳油	1000倍	春季、夏季、秋季、冬季，距离果实采收前40 d停止使用	喷雾
高氯·毒死蜱	51.5%乳油	1000倍	春季、夏季、秋季、冬季，距离果实采收前50 d停止使用	喷雾
联苯菊酯	4.5%水乳剂	1500倍	春季、夏季、秋季、冬季，距离果实采收前30 d停止使用	喷雾
高效氟氯氰菊酯	2.5%水乳剂	1500倍	采果后、春季、夏季、秋季、冬季，距离果实采收前30 d停止使用	喷雾
噻虫嗪	21%水悬浮剂	3500倍	夏季、秋季，气温高于22℃的春季和冬季，距离果实采收前30 d停止使用	喷雾

附录二

桂林地区沙糖橘结果树栽培管理月历

月 份	田间管理技术要点	病虫害防治要点
12月至翌年1月（花芽分化采果期）	1.采果 2.冬季剪除：剪除病虫枯枝、重叠枝等，与地面枯枝落叶一起集中烧毁 3.深施改土：结合深施基肥（有机肥、厩肥+钙镁磷肥、石灰等）时进行，增施基施硼肥（大地硼）10 ～ 15克/株，约占全年施肥量的50%	1.采果后至萌芽前喷45%结晶体石硫合剂100 ～ 200倍液或97%矿物油（希翠）100 ～ 150倍液清园1 ～ 2次；如红蜘蛛发生严重，可加73%炔螨特（克螨特）乳油2 000 ～ 2 500倍液清园一次 2.普查黄龙病树并在喷杀柑橘木虱后及时挖除，因环割等引起的非侵染性黄化树需重剪，同时用微根露生根剂或根太阳生根剂600 ～ 800倍液灌根，7 ～ 10天再灌一次，连用2 ～ 3次，以恢复树势
2月（萌芽、花蕾期）	1.施萌芽肥：以速效氮为主，如水肥、复合肥等，约占全年施肥量的20% 2.保花：用高氮叶面肥如志信叶圣（高氮）叶面肥1 000 ～ 1 500倍液或绿芬威叶面保800 ～ 1 000倍液+高硼叶面肥如志信高硼或美加硼（志信超硼）1 000 ～ 1 500倍液喷雾，每7 ～ 10天喷1次，共1 ～ 2次，以提高花器质量 3.春梢管理：青壮年结果树疏去过量春梢；对过长的春梢进行摘心	1.红蜘蛛：每叶红蜘蛛2 ～ 3头时开始用药，10 ～ 15天后视情况再用一次，有效药剂有20%乙螨唑（螨超）干悬浮剂4 000 ～ 5 000倍液、20%阿维乙螨唑（天界）悬浮剂2000 ～ 3000倍液、50%联苯肼酯（数刹）干悬浮剂4 000 ～ 5 000倍液或加入97%矿物油助剂（百农乐）250 ～ 300倍液提高防治效果 2.花蕾蛆：当花蕾直径2 ～ 3毫米时用药喷洒地面和树冠，7 ～ 10天喷1次，连续喷1 ～ 2次。①地面用药：0.5%噻虫胺（根卫）颗粒剂3 ～ 5千克/亩拌细土20千克撒施；②人工摘除受害花蕾（灯笼花），集中深埋以杀死幼虫

（续）

月 份	田间管理技术要点	病虫害防治要点
2月（萌芽、花蕾期）		3.柑橘木虱：2月下旬选用4.5%联苯菊酯水乳剂1 500倍液或2.5%联苯菊酯乳油1 500倍液，对全园进行1～2次喷药，减少越冬成虫的为害
3月（春梢生长期、花期）	1.保果：桂南、桂中、桂东区谢花2/3后用1.6%胺鲜酯（植物龙）或0.004%芸薹素（金点）水剂1 000～1 500倍液+20%赤霉酸如奇宝九二〇每克兑水30千克+志信高硼或美加硼（志信超硼）1 000～1 500倍液+高钾叶面肥如志信果圣（微果露）1 000～1 500倍液或绿芬威花果保800～1 000倍液叶面喷雾保果 2.春梢管理：结果树疏去过多的春梢，每条基梢保留1～3条春梢，对旺长春梢留15～20厘米摘心 3.壮旺树管理：对少花壮树谢花1/3时进行环扎或环割 4.定期摇花：在花期，大雨过后及时摇花，防止烂花、沤花 5.蓟马：花前和谢花2/3各防治一次，可用10%烯啶虫胺（刺马）水乳剂1 000～1 500倍液、25%呋虫胺（显明）悬浮剂1 500～2 000倍液、25%噻虫嗪（冲浪）干悬浮剂1 000～1 500倍液等喷雾	1.疮痂病/灰霉病：谢花2/3后结合保果务必用药一次，10～15天后再用一次，有效药剂组合有：80%代森锰锌（新万生）可湿性粉剂600～800倍液+25%苯醚甲环唑（博洁、绿码）乳油2 000～3 000倍液+25%异菌脲（扑海因、扑灰特）可湿性粉剂500～600倍液、80%代森锰锌（志信万生）可湿性粉剂600～800倍液+25%氟硅咪鲜胺（绿保）水乳剂1 500～2 000倍液+40%嘧霉胺（灰太郎）可湿性粉剂600～700倍液、70%丙森锌（鼎品）可湿性粉剂700～800倍液+25%戊唑醇（剑力通）悬浮剂1 500～2 000倍液+40%嘧霉胺（灰雄）可湿性粉剂600～700倍液等，可兼治柑橘黑星病、柑橘树脂病等 2.炭疽病：3月是柑橘炭疽病高发期，谢花2/3后结合保果务必用药一次，10～15天后再用一次；药剂组合有：80%代森锰锌（新万生）可湿性粉剂600～800倍液+40%苯醚甲环唑（剑净康）悬浮剂3 000～4 000倍液、80%代森锰锌（志信万生）可湿性粉剂600～800倍液+25%咪鲜胺（使百克、施保克）乳油1 000～1 500倍液或45%咪鲜胺（剑安、果然鲜）水乳剂1 500～2 000倍液、70%丙森锌（鼎品）可湿性粉剂700～800倍液+20%抑霉唑（美妞）水乳剂1 000～1 500倍液或45%戊唑咪鲜胺（已足）水乳剂或32.5%苯甲嘧菌酯（又胜、喜绿）悬浮剂1 000～1 500倍液等 3.红蜘蛛：同2月

（续）

月 份	田间管理技术要点	病虫害防治要点
4月（花期、第一次生理落果期）	1.施稳果肥：谢花后株施硫酸钾或硝酸钾（欧神）0.3～0.5千克，约占全年施肥的5% 2.继续保果：桂北第一次保果（配方同3月），桂南、桂东、桂中在第二次生理落果前再用1.6%胺鲜酯（植物龙）或0.004%芸薹素（金点）水剂1000～1500倍液+奇宝九二〇每克兑水30千克+志信高硼或美加硼（志信超硼）1000～1500倍液+志信果圣（高钾、微果露）1000～1500倍液或绿芬威花果保800～1000倍液喷雾 3.环割：对营养生长过旺的少花结果树，可在谢花后在主干或主枝进行第一次环割，第二次生理落果前进行第二次环割；壮旺树多花者可迟割，推迟到第二次生理落果前进行第一次环割，20天后视落果情况进行第二次环割 4.排灌水：遇天旱灌水，雨水过多要排水	1.粉虱类：越冬成虫初见后15天喷第一次药，15天后再喷一次。药剂可选用3%啶虫脒（保虱洁）乳油750～1000倍液、48%毒死蜱（志信乐本）乳油1000～1500倍液等 2.蓟马：在第二次生理落果期前再喷雾防治一次，用药及浓度同3月 3.橘小实蝇：4月越冬橘小实蝇开始羽化，可亩用0.5%噻虫胺（根卫）颗粒剂3～5千克拌细土20～30千克全园撒施，毒杀越冬成虫 4.疮痂病、炭疽病的防治：同3月 5.红蜘蛛的防治：同2月
5月（夏梢萌发、第二次生理落果期）	1.桂北沙糖橘区第二次保果：配方及用法同4月 2.抹除夏梢或化学控梢：结果树人工抹除夏梢或用25%多效唑（速壮）悬浮剂600～800倍液喷雾进行化学控梢，防止落果 3.环扎树解扎	1.介壳虫：防治适期为5月上中旬的幼蚧发生高峰期，10～15天后再用一次；有效药剂有48%毒死蜱（志信乐本）乳油1000～1500倍液、25%显明（呋虫胺）悬浮剂1500～2000倍液、25%噻虫嗪（冲浪）干悬浮剂1500～2000倍液等 2.柑橘木虱：新梢0.5～1.0时厘米开始用药，10～15天后再用一次。有效药剂有：25%吡蚜酮（神约）悬浮剂1500～2000倍液、25%噻虫嗪（冲浪）干悬浮剂1000～1500倍液、2.5%联苯菊酯乳油1000～1500倍液等 3.柑橘潜叶蛾：幼树在夏梢抽发1～2厘米时开始防治潜叶蛾，15～20天后再防治一次。有效药剂有：10亿PIB/毫升多角体病毒（康保）悬浮剂700～1000倍液、2.5%氟氯氰菊酯（志信工夫）乳油1000～1500倍液等；结果树则抹除夏梢

（续）

月 份	田间管理技术要点	病虫害防治要点
6月 （夏梢、小果发育期）	1.施壮果肥：为避免夏梢多，可用硫酸钾或硝酸钾（欧神）10 ～ 20千克/亩冲施，约占全年施肥量的5% 2.继续抹梢或化学控梢：同5月 3.促膨大和防裂果：幼果膨大期用志信果圣（高钾）（微果露）1 000 ～ 1 500倍液或绿芬威花果保800 ～ 1 000倍液+志信高钙（欧神欧护）1 000 ～ 1 500倍液或绿芬威果多多800 ～ 1 000倍液喷施1 ～ 2次	1.柑橘锈壁虱：如当年春梢叶背出现铁锈色或少量果“起毛”时，又遇高温少雨，则应喷药防治。有效药剂有：5%虱螨脲（全球鹰）悬浮剂1 500 ～ 2 000倍液、25%显明（呋虫胺）悬浮剂1 500 ～ 2 000倍液、58%阿维矿物油（风雷激）乳油1 000 ～ 1 500倍液、5%阿维菌素（剑鼎）乳油1 500 ～ 2 000倍液等 2.潜叶蛾、蚜虫、介壳虫、粉虱类防治：同5月
7月 （果实膨大、夏梢期）	1.继续抹梢或化学控梢：同5月 2.修剪：衰弱树适当短截，促发新梢；青壮年树疏剪密弱枝，徒长枝留25 ～ 30厘米短截 3.防旱抗旱：高温干旱来临之前，早晚要灌水、喷淋降温或树盘覆盖，保湿降温、防日灼病 4.继续促膨大和防裂果：同6月	1.柑橘锈壁虱：7 ～ 9月是防治关键时期，应勤检查，出现个别果受害即应防治，方法同6月 2.介壳虫：7月下旬做好第二代矢尖蚧的防治，方法同5月 3.柑橘炭疽病：7 ～ 8月是炭疽病第二个高发期，务必加强保护和治疗，用药组合同3月 4.继续加强黑星病、树脂病、粉虱类、柑橘木虱、蚜虫等防治，方法同前
8月 （果实膨大、秋梢抽生期）	1.施秋梢肥：放秋梢前后施壮果促梢肥，株施腐熟人畜粪水30 ～ 50千克，约占全年施肥的20% 2.放秋梢：一般在8月上中旬放梢 3.继续促膨大和防裂果：同6月 4.保湿抗旱：当果园土壤含水量在18%以下果园出现旱情时，应及时灌水抗旱	1.柑橘潜叶蛾：8月上旬为防治关键时期，当秋梢多数达0.5 ～ 1.0厘米时开始喷药防治，15 ～ 20天后再防治一次。有效药剂同5月 2.柑橘木虱：本月是柑橘木虱发生高峰期，秋梢期必须10 ～ 15天喷药一次，连用2 ～ 3次，有效药剂同5月 3.继续加强柑橘锈壁虱、介壳虫、粉虱类、炭疽病等防治，方法同前
9月 （果实膨大、秋梢老熟期）	1.继续促膨大和防裂果：同6月 2.继续加强水分管理：防止因干旱影响秋梢生长和果实膨大	1.红蜘蛛：本月为红蜘蛛第二个高发期，防治方法同2月 2.继续加强锈壁虱、介壳虫、粉虱类等防治，方法同前 3.缺素症：缺镁、缺硼、缺锌、缺铁等可用相应叶面肥喷施矫正

（续）

月 份	田间管理技术要点	病虫害防治要点
10月（果实膨大、晚秋梢抽发期）	1.继续加强水分管理：适度控水，保持土壤微干，以土壤含水量20%～25%为宜，避免抽晚秋梢 2.环割促花：10月中、下旬对旺长树，在主干环割1圈，深达木质部或喷施25%多效唑（速壮）悬浮剂800～1 000倍液+绿芬威施多力800～1 000倍液促花 3.继续促膨大和防裂果：同6月	1.橘小实蝇：亩用聪绿果实蝇毒饵剂80克，涂抹在树杈上，每亩涂40点，每点涂1.5～2克，30天一次，连用2～3次，可有效诱杀雌雄成虫，减少蛀果率；也可悬挂蝇必粘诱杀成虫，4～6片/亩 2.炭疽病：本月果柄炭疽病高发，尤其是留树保鲜的果园，盖膜前必须用药一次，有效药剂同3月
11月（果实着色、花芽分化前期）	1.促着色：11月上中旬用高磷叶肥喷施一次，7～10天再喷一次。可用绿芬威果靓靓600～800倍液等 2.促花：可适当控水或喷施25%多效唑（速壮）悬浮剂800～1 000倍液+绿芬威施多力800～1 000倍液喷雾 3.全垦果园适当露根晒根：对旺长果园，深翻断根或扒土晒根，以表土微龟裂或叶微卷为度	1.继续防治橘小实蝇：方法同10月 2.注意农药安全间隔期，本月尽量不再喷施农药

注：本资料为经验交流资料，仅供参考！

附录三
最新禁用、限用及柑橘常用农药名录

一、最新禁止生产销售和使用的农药名录（41种）

六六六、滴滴涕、毒杀芬、二溴氯丙烷、杀虫脒、二溴乙烷、除草醚、艾氏剂、狄氏剂、汞制剂、砷类、铅类、敌枯双、氟乙酰胺、甘氟、毒鼠强、氟乙酸钠、毒鼠硅，甲胺磷、甲基对硫磷、对硫磷、久效磷、磷胺、苯线磷、地虫硫磷、甲基硫环磷、磷化钙、磷化镁、磷化锌、硫线磷、蝇毒磷、治螟磷、特丁硫磷、氯磺隆，福美胂、福美甲胂、胺苯磺隆单剂、甲磺隆单剂（38种）

百草枯水剂	自2016年7月1日起停止在国内销售和使用
胺苯磺隆复配制剂、甲磺隆复配制剂	自2017年7月1日起禁止在国内销售和使用

二、最新限制使用农药名录（32种）

中华人民共和国农业部公告第2567号，本名录中前22种农药实行定点经营，其他农药实行定点经营的时间由农业部另行规定，本公告自2017年10月1日起施行。

序 号	有效成分名称	备 注
1	甲拌磷	实行定点经营，禁止在蔬菜、果树、茶树、中草药材使用
2	甲基异柳磷	
3	克百威	
4	磷化铝	
5	硫丹	
6	氯化苦	
7	灭多威	
8	灭线磷	
9	水胺硫磷	
10	涕灭威	
11	溴甲烷	
12	氧乐果	
13	百草枯	
14	2,4-滴丁酯	
15	C型肉毒梭菌毒素	
16	D型肉毒梭菌毒素	
17	氟鼠灵	
18	敌鼠钠盐	
19	杀鼠灵	
20	杀鼠醚	
21	溴敌隆	
22	溴鼠灵	
23	丁硫克百威	自2019年7月1日起，禁止在蔬菜、瓜果、茶叶、菌类和中草药材作物上使用
24	丁酰肼	禁止在花生上使用
25	毒死蜱	自2016年12月31日起，禁止在蔬菜上使用
26	氟苯虫酰胺	自2018年10月1日起，禁止在水稻作物上使用

（续）

序 号	有效成分名称	备 注
27	氟虫腈	除卫生用、玉米等部分旱田种子包衣剂外的其他用途
28	乐果	自2019年7月1日起，禁止在蔬菜、瓜果、茶叶、菌类和中草药材作物上使用
29	氰戊菊酯	禁止在茶树使用
30	三氯杀螨醇	禁止在茶树使用
31	三唑磷	自2016年12月31日起，禁止在蔬菜上使用
32	乙酰甲胺磷	自2019年7月1日起，禁止在蔬菜、瓜果、茶叶、菌类和中草药材作物上使用

三、柑橘常用农药名录

序 号	通用名	含量及剂型	防治对象	稀释数	每季最多使用次数	安全间隔期（天）
1	炔螨特	57%乳油 73%乳油	红蜘蛛	1 500 ~ 2 000 2 000 ~ 2 500	3	30
2	哒螨灵	15%乳油 20%可湿性粉剂	红蜘蛛	1 000 ~ 1 500 1 500 ~ 2 000	2	20
3	乙螨唑	11%悬浮剂	红蜘蛛	4 000 ~ 5 000	1	30
4	螺螨酯	34%悬浮剂	红蜘蛛	3 000 ~ 4 000	1	20
5	联苯肼酯	43%悬浮剂	红蜘蛛	3 000 ~ 4 000	2	7
6	四螨嗪	10%可湿性粉剂	红蜘蛛	1 000 ~ 1 500	2	14
7	溴螨酯	50%乳油	红蜘蛛	1 000 ~ 1 500	3	14
8	唑螨酯	50%悬浮剂	红蜘蛛	1 000 ~ 1 500	2	15
9	双甲脒	20%乳油	红蜘蛛	1 000 ~ 1 500	5	21
10	噻螨酮	5%乳油	红蜘蛛	1 000 ~ 1 500	2	30
11	三唑锡	20%悬浮剂 25%可湿性粉剂	红蜘蛛 锈壁虱	1 500 ~ 2 000	2	30

（续）

序 号	通用名	含量及剂型	防治对象	稀释数	每季最多使用次数	安全间隔期（天）
12	矿物油	97%乳油 99%乳油	红蜘蛛	150 ~ 500	—	—
13	阿维菌素	1.8%乳油 3.0%乳油	红蜘蛛 潜叶蛾	1 000 ~ 1 500 1 500 ~ 2 000	2	14
14	毒死蜱	48%乳油	介壳虫	1 000 ~ 1 500	3	21
15	吡虫啉	10%可湿性粉剂 20%可溶性粉剂	蚜虫 柑橘木虱	1 000 ~ 1 500 2 000 ~ 2 500	2	7
16	啶虫脒	5%乳油 20%可溶性粉剂	蓟马 柑橘木虱	1 000 ~ 1 500 2 000 ~ 2 500	1	14
17	吡蚜酮	25%悬浮剂	柑橘木虱	2 000 ~ 2 500	2	14
18	噻虫嗪	20%悬浮剂	蚜虫	2 000 ~ 2 500	2	14
19	呋虫胺	25%油悬浮剂	蓟马	1 500 ~ 2 000	2	30
20	除虫脲	25%乳油 75%可湿性粉剂	潜叶蛾 斜纹夜蛾	800 ~ 1 000 1 500 ~ 2 000	3	7
21	高效氯氰菊酯	4.5%水乳剂	蚜虫、潜叶蛾	1 500 ~ 2 000	2	7
22	高效氟氯氰菊酯	2.5%乳油	蚜虫、潜叶蛾	1 500 ~ 2 000	2	7
23	联苯菊酯	10%乳油	柑橘木虱	1 000 ~ 1 500	2	7
24	甲氰菊酯	20%乳油	红蜘蛛	1 000 ~ 1 500	2	3
25	螺虫乙酯	22.4%悬浮剂	介壳虫	2 000 ~ 2 500	2	20
26	敌百虫	90%可溶性粉剂	花蕾蛆	1 200 ~ 1 500	2	14
27	喹硫磷	25%乳油	介壳虫	600 ~ 750	3	14
28	噻嗪酮	25%可湿性粉剂	介壳虫	1 500 ~ 2 000	2	35
29	氟虫脲	5%乳油	潜叶蛾	1 000 ~ 1 500	2	30
30	印楝素	1%微乳剂	潜叶蛾	800 ~ 1 000	—	—

（续）

序 号	通用名	含量及剂型	防治对象	稀释数	每季最多使用次数	安全间隔期（天）
31	代森锰锌	80%可湿性粉剂	疮痂病	600 ~ 800	3	15
32	代森锌	65%可湿性粉剂	树脂病	600 ~ 800	3	15
33	代森联	70%可湿性粉剂	疮痂病	400 ~ 600	3	7
34	丙森锌	70%可湿性粉剂	疮痂病	600 ~ 800	4	14
35	代森铵	45%水剂	绿斑病	300 ~ 400	2	7
36	甲基硫菌灵	70%可湿性粉剂	疮痂病	800 ~ 1 000	3	5
37	多菌灵	50%可湿性粉剂	树脂病	800 ~ 1 000	3	30
38	咪鲜胺	25%乳油	炭疽病	1 000 ~ 1 500	1	14
		45%水乳剂		1 500 ~ 2 000		
39	抑霉唑	20%悬浮剂	青霉病、绿霉病	500 ~ 1 000	3	14
		50%乳油		1 000 ~ 2 000		
40	苯醚甲环唑	25%乳油	树脂病	1 500 ~ 2 000	3	42
41	丙环唑	25%乳油	白粉病	2 000 ~ 2 500	2	42
42	戊唑醇	43%悬浮剂	树脂病	2 500 ~ 3 000	3	28
43	烯唑醇	12.5%可湿性粉剂	疮痂病	1 000 ~ 1 500	3	14
44	腈菌唑	40%可湿性粉剂	炭疽病	1 000 ~ 1 500	3	21
45	嘧菌酯	25%悬浮剂	黄斑病	1 500 ~ 2 000	3	7
46	吡唑醚菌酯	25%乳油	黄斑病	1 500 ~ 2 000	3	3
47	乙蒜素	80%乳油	绿斑病、溃疡病	1 000 ~ 1 500	2	14
48	氢氧化铜	53.8%干粒剂	溃疡病	900 ~ 1 100	3	1
49	波尔多液	80%可湿性粉剂	溃疡病	400 ~ 600	—	—
50	王铜	30%悬浮剂	溃疡病	600 ~ 800	—	—
51	噻唑锌	20%悬浮剂	溃疡病	400 ~ 500	3	21

（续）

序 号	通用名	含量及剂型	防治对象	稀释数	每季最多使用次数	安全间隔期（天）
52	噻菌铜	20%悬浮剂	溃疡病	400 ~ 500	3	14
53	松脂酸铜	12%乳油	溃疡病	300 ~ 400	2	15
54	春雷霉素	2%水剂	溃疡病	600 ~ 800	3	21
55	噻菌灵	42%悬浮剂	青霉病、绿霉病	300 ~ 400	1	10
56	淡紫拟青霉	5亿活孢子/克	根结线虫、根线虫病	3 ~ 4千克/亩，沟施或穴施	1	—
57	噻唑灵	10%颗粒剂	根结线虫、根线虫病	1 ~ 2千克/亩，沟施或穴施	1	—
58	福美双	50%可溶性粉剂	苗立枯病	50千克种子用250克拌种	1	—
59	赤霉酸	20%可溶性粉剂	保花保果	30 000 ~ 40 000	2	—
60	胺鲜酯	1.6%水剂	促进生长	1 000 ~ 1 500	2	7
61	多效唑	25%悬浮及剂	控梢促花	600 ~ 800	1	—
62	石硫合剂	45%晶体	清园	100 ~ 150	1	—
63	草铵膦	20%水剂	果园除草	350 ~ 580毫升/亩，喷雾	1	—
64	草甘膦胺盐	30%水剂	果园除草	250 ~ 500克/亩，喷雾	1	—

参考文献

蔡明段，彭成绩，2008.柑橘病虫害原色图谱[M].广州：广东科技出版社.

蔡明段，易干军，彭成绩，2011.柑橘病虫害原色图鉴[M].北京：中国农业出版社.

邓崇岭，赵小龙，唐艳，等，2017.实用柑橘病虫害防治原色图谱[M].南宁：广西科学技术出版社.

卢运胜，周启明，邱柱石，等，1991.柑橘病虫害[M].南宁：广西科学技术出版社.

门友均，全金成，唐明丽，等，2015.广西柑橘藻类为害调查[J].中国南方果树，44（1）：31-33.

门友均，阳廷密，全金成，等，2015.乙蒜素对虚幻球藻的室内毒力及在橘园中的防治效果[J].中国南方果树，44（4）：19-20.

区善汉，肖远辉，梅正敏，等，2015.图说柑橘避雨避寒栽培技术[M].北京：金盾出版社.

全金成，江一红，陈腾土，等，2017.桂橙1号柑橘溃疡病田间防治药效试验[J].广西植保，30（4）：32-35.

全金成，江一红，谭炳林，2018.矿物油防治柑橘红蜘蛛及其增效试验[J].南方园艺，29（1）：13-16.

全金成，江一红，谭炳林，2017.矿物油春季防除柑橘青苔效果及安全性评价[J].南方园艺，28（5）：9-12.

全金成，江一红，谭炳林，等，2016.矿物油增效助剂混用氢氧化铜防治柑橘溃疡病效果评价[J].南方园艺，27（5）：29-32.

全金成，卢运胜，邱柱石，等，2007. 果树植保员培训教材（南方本）[M]. 北京：金盾出版社.

全金成，邱柱石，石旺秀，等，2005. 剎死倍防治柑橘煤烟病田间药效试验[J]. 广西园艺，16（6）：28-29.

全金成，唐明丽，陈腾土，等，2000. 以机油乳剂（PSO）为基础的柑橘红蜘蛛综合防治策略[J]. 广西园艺，34（3）：9-10.

夏声广，唐启义，2006. 柑橘病虫害防治原色生态图谱[M]. 北京：中国农业出版社.

图书在版编目（CIP）数据

图说柑橘病虫害及农药减施增效防控技术 / 全金成，江一红，陈贵峰编著. —北京：中国农业出版社，2019.1（2021.8重印
（柑橘提质增效生产丛书）
ISBN 978-7-109-24978-3

Ⅰ. ①图… Ⅱ. ①全… ②江… ③陈… Ⅲ. ①柑桔类-病虫害防治-图解 Ⅳ. ①S436.66-64

中国版本图书馆CIP数据核字（2018）第279899号

中国农业出版社出版
（北京市朝阳区农展馆北路2号）
（邮政编码 100125）
责任编辑 张 利 黄 宇

北京通州皇家印刷厂印刷 新华书店北京发行所发行
2019年1月第1版 2021年8月北京第2次印刷

开本：880mm×1230mm 1/32 印张：6.25
字数：170千字
定价：49.80元